Dein eigenes GEMÜSE

Dein eigenes GEMÜSE

Die besten Anleitungen und Tipps von der Saat bis zur Ernte

G|U

Inhalt

SO WIRD DER GARTEN ZUM BIO GARTEN

Was heißt biologisch gärtnern?

Biologisch gärtnern ist mehr als nur das Weglassen von Chemie. Es bedeutet, die Natur zu erleben. Es macht einfach Spaß, die vielen alltäglichen kleinen Wunder zu beobachten, die sich einstellen, wenn man ein Stückchen Land mit ein wenig Liebe und Hingabe pflegt.

› Ein fruchtbarer Gartenboden ist die Grundlage für eine reiche Ernte. Schonendes Lockern der Erde gehört zu den wichtigsten Pflegearbeiten.

Warum ein Bio-Gartenbuch? Kaum jemand, der duftende Kräuter heranzieht, Salat und Tomaten frisch aus dem Beet holen und eigenes Obst ernten möchte, wird heute noch Chemie einsetzen. Schließlich soll alles, was der Garten liefert, gesund und rückstandsfrei sein. Doch Gärtnern mit der Natur bedeutet weit mehr als das Weglassen von Chemie oder eine Läuseplage gelassen zu ertragen.

Das ökologische Gleichgewicht

Meist stellt sich erst mit der Zeit ein gutes Gleichgewicht zwischen Schädlingen und Nützlingen ein: Die großen und kleinen tierischen Helfer brauchen Zeit, um das neue Biotop für sich zu entdecken. Je länger man einen Garten biologisch bewirtschaftet, desto besser funktioniert das Zusammenspiel. Das gilt auch für viele Pflanzenkrankheiten.

- Eine gute Beobachtungsgabe trägt viel dazu bei, rechtzeitig zu erkennen, wo Eingreifen nötig ist.
- Mit der Wahl widerstandsfähiger Sorten ist schon viel gewonnen. Wer es ernst meint mit »bio«, wird biologischen Züchtungen und Sorten den Vorzug geben, die mit vielen Standorten gut zurechtkommen oder sich seit Jahrzehnten bewähren.
- Zur zusätzlichen Stärkung der pflanzeneigenen Abwehrkräfte eignen sich selbst hergestellte Pflanzenauszüge oder in Gartenmärkten erhältliche Produkte auf der Basis von Naturstoffen.

Boden und Umwelt schonen

- Boden fruchtbar zu machen und die Fruchtbarkeit durch schonende Bodenbearbeitung, Mulch und Gründüngung zu erhalten, ist Grundlage der meisten biologischen Anbaumethoden (→ Seite 14).

Dazu gehört, die Umwelt möglichst wenig zu belasten und Ressourcen nachhaltig einzusetzen.

- Der eigene Kompost ist wertvoller als gekaufter Gartendünger. Für das »Gärtnergold« braucht man nicht mit dem Auto ins Gartencenter zu fahren. Mineraldünger sind schon deshalb tabu, weil sie mit hohem Energieeinsatz hergestellt werden. Bei tierischen Produkten wie Guano sind die Rohstoffe ebenfalls nur begrenzt. Sie stammen von weit her oder, wie Hornspäne, aus Massentierhaltung. Auch das sollten Sie sich als Biogärtner vor Augen halten und eventuell pflanzliche Alternativen wählen.
- Wasser gehört zu den wertvollsten Ressourcen im Garten. Vor noch nicht allzu langer Zeit war der saure Regen Dauerthema. Ölheizungen, Luft- und Straßenverkehr sorgten für einen enormen Eintrag von Schwefelverbindungen in die Luft. Heute kann man bedenkenlos sammeln, was der Himmel an kostbarem Nass hergibt: Wegen der inzwischen vorgeschriebenen Rauchgas- und Kraftstoff-Entschwefelung ist die Belastung deutlich zurückgegangen. Pflanzen bekommt gesammeltes, leicht erwärmtes Regenwasser sowieso meist besser als eiskaltes Leitungswasser. Allerdings reicht der Nachschub selbst großer Zisternen in einem trockenen Sommer nicht aus. Eine Mulchschicht und Pflanzen, die ein tiefes Wurzelsystem bilden, werden gerade in Zeiten des sich abzeichnenden Klimawandels zunehmend wichtiger.

Nicht nur die Ernte zählt

Der eigene Garten muss nicht perfekt sein. Viel wichtiger ist, dass es immer etwas zu entdecken gibt. Im Frühling in der Erde graben, Samen ausstreuen oder die Pflänzchen, die man auf der Fensterbank gehegt und gepflegt hat, ins Beet oder in Kästen und Kübel zu pflanzen, ist so befriedigend, dass man ein paar Rückschläge gelassen wegstecken kann. Und wer im Blumenbeet durch bewusste Sortenwahl und eine vielseitige Pflanzengemeinschaft einen Beitrag zur Erhaltung der genetischen Vielfalt leistet, kann auch darauf mit Stolz verweisen.

Biozüchter und Saatgutinitiativen weisen zu Recht darauf hin, dass bewährte Sorten nur dann Bestand haben, wenn sie auch genutzt werden. Vielfalt lässt sich lediglich durch den Anbau im Garten und auf den Feldern bewahren. Samen, die in Genbanken in den Kälteschlaf versetzt werden, können den kulturellen Verlust langfristig nicht verhindern.

› Mit pollen- und nektarreichen Blüten Schmetterlinge und andere Nützlinge anzulocken, gehört zur Strategie erfolgreicher Biogärtner. Neben ihrer Bedeutung für den Garten haben Insekten auch dem Auge etwas zu bieten.

Der beste Platz für Obst & Gemüse

Ein Küchengarten – und sei er noch so klein – lohnt sich auf jeden Fall. Gut, dass sich auf jedem Grundstück geeignete Flächen für den eigenen Anbau finden. Die folgenden Hinweise helfen Ihnen, das Beste aus den vorliegenden Gegebenheiten zu machen!

› Sommerblumen wie z. B. Schmuckkörbchen (Kosmeen) lockern Gemüsereihen auf und sind eine hübsche Abwechslung zu Kohl und Rüben.

Je nach Größe des Gartens ist alles möglich, vom Minibeet mit ein paar Kräutern, Salat und Tomaten bis zu einem Gemüse- und Obstgarten, der nahezu unabhängig vom Obst- und Gemüsehandel macht.

Individuelle Lösungen

Wo passen Obst und Gemüse am besten hin? Wie viel Fläche brauche ich? Schauen Sie sich Ihr Grundstück nach diesen Gesichtspunkten an.

Wie viel Platz für Gemüse, Obst und Kräuter?

Um eine vierköpfige Familie vom Frühling bis zum Herbst mit frischem Salat, Gemüse, Kräutern und Beerenobst zu versorgen, genügen bei guter Planung bereits 100 m² Beetfläche. Wer rund ums Jahr auf weitgehende Selbstversorgung setzt und genug Platz, geeignete Lagerräume sowie Spaß am Einkochen und Einfrieren eigener Lebensmittel hat, benötigt mindestens 250 m² Nutzfläche. Hinzu kommen 10–30 m² für einen kleinen Obstbaum. Ein richtiger Hausbaum mit großer Krone beansprucht leicht das Dreifache und wirft dazu ziemlich viel Schatten.

- Äpfel und Birnen lassen sich als schmale Obsthecke an der Gartengrenze ziehen und nehmen so anderen Kulturen kaum Licht weg. Inzwischen sind kleinwüchsige Baumformen auch bei Kirschen und Pflaumen zu haben.
- Praktisch für Beerensträucher ist ein Beet, das die Pflege und Ernte von zwei Seiten ermöglicht. Auch hier müssen Sie pro Strauch 1–2 m² einplanen.

Wohin mit den Gemüse- und Kräuterbeeten?

- Gemüsebeete, Frühbeet und Kompostplatz gehören unbedingt zusammen. Die Wege dazwischen sollten möglichst kurz sowie bei jedem Wetter gut

› Gepflasterte Hauptwege sind praktisch, weil man auch bei Regen rasch ein paar Kräuter oder einen Salat aus dem Gemüsegarten holen kann, ohne schmutzige Schuhe und nasse Füße zu bekommen.

begehbar sein. Ideal ist, wenn Sie hier noch Platz haben für ein kleines Gerätehaus. Dann müssen Sie Hacke, Rechen und Pflanzkelle nicht weit tragen und sind rasch in die Gartenschuhe geschlüpft, um ein paar Radieschen oder Kräuter zu ernten.

- Nach dem Beispiel der Bauerngärten können Sie in größeren Gemüsegärten ein paar Quadratmeter für den Anbau von Sommerblumen abzweigen.
- Ist die Fläche knapp bemessen, lassen sich Ziergemüse, z. B. buntstieliger Mangold oder Roter Grünkohl, und Kräuter wie Zitronenmelisse auch dekorativ im Staudenbeet unterbringen.

Wann die Topfkultur sinnvoll ist

Für einen Topfgarten auf der geschützten Terrasse oder dem Balkon (→ Seite 128/129) spricht vor allem, dass wärmebedürftige Minigurken und Basilikum dort gerade in kühlen Sommern besser gedeihen. Noch ein Vorteil: Nach Tomaten und Erdbeeren in der Hängeampel brauchen Sie nur die Hand auszustrecken. Stangen- oder Feuerbohnen bezaubern mit rosa, violetten oder leuchtend roten Blüten und liefern einen Sommer lang zarte Hülsen für die Küche.

Beim Zeitaufwand flexibel bleiben

Der erforderliche Zeitaufwand für regelmäßig anfallende Arbeiten von der Beetvorbereitung bis zur Ernte ist schwer zu kalkulieren. Er richtet sich nach den jeweiligen Standortbedingungen, dem persönlichen Bedarf sowie den angebauten Pflanzenarten. Einen schweren Boden in lockere, feinkrümelige Erde zu verwandeln, erfordert am Anfang einen regelmäßigen Arbeitseinsatz. Wenn Sie sich rund ums Jahr aus Beeten und eingelagerten Vorräten versorgen möchten, reicht ein Wochenende kaum aus. Fangen Sie darum am besten erst einmal klein an und kalkulieren Sie Erweiterungsmöglichkeiten ein. Ist ein größerer Nutzgarten bereits fest vorgesehen oder sogar schon vorhanden, säen Sie auf einem Teil der Beete einfach eine blühende Gründüngung ein. So liegt der Boden nicht brach, und Sie können die Zeit, in der der Garten noch wachsen soll, aufs Schönste überbrücken. Bienen, Schmetterlinge und andere Blütenbestäuber freuen sich gewiss über die Einladung und helfen dabei, Ihren Garten nach und nach in ein fruchtbares Paradies zu verwandeln.

Was gehört in den Biogarten?

Ein Biogarten lebt von seiner Vielfalt. Er strotzt geradezu vor Leben und bietet nicht nur einen Lebensraum für Obst und Gemüse, sondern auch für viele Tiere und Pflanzen. Je bunter die Mischung, desto weniger Chancen haben Krankheiten und Schädlinge.

› Eine Trockenmauer stützt Hänge ab, schützt Gemüse und Blumen vor Wind und bietet Platz für aromatische Kräuter. Und es dauert meist nicht lange, bis die ersten Eidechsen über die Steine huschen.

Wenn man einen älteren Garten übernimmt, fällt die Gestaltung relativ leicht. Meist genügt es, ein paar Gehölze zu entfernen, umzupflanzen oder zu ergänzen. Eventuell braucht der Rasen eine Verjüngungskur, und statt des Steingartens soll ein Kräuterbeet entstehen. Neubaugrundstücke stellen eine größere Herausforderung dar, dafür kann man sie ganz nach den eigenen Vorstellungen anlegen. Bevor Sie im künftigen Gemüsegarten zum Spaten greifen, sollten Sie nicht nur die Form und Größe der Beete, sondern auch deren Ausrichtung festlegen (→ Seite 18).

Eine harmonische Einheit

Wer die weitgehende Selbstversorgung für die ganze Familie plant, sollte die dafür vorgesehenen Flächen möglichst früh in die Gestaltung einbeziehen.

Ziehen Sie klare Grenzen

Eine Abgrenzung zwischen Nutz- und Ziergarten ist nicht nur aus praktischen Gründen sinnvoll:

- Eine Buchenhecke passt zu jedem Gartenstil und sorgt als Windbrecher für günstiges Kleinklima.

Prächtige Wiesenblüte

Eine **Blumenwiese** anzulegen, erfordert Geduld. Je magerer, also nährstoffärmer der Boden ist, desto größer ist später die Pflanzenvielfalt. Nur wenige Arten, z. B. Himmelsschlüssel und Wiesenmargerite, bevorzugen feuchte, nährstoffreiche Erde. Rasenflächen also grundsätzlich nicht düngen und bei einer Neuanlage reichlich groben Sand einarbeiten. Nehmen Sie besser keine Samenmischungen, die eine wahre Blütenexplosion versprechen. Kaufen Sie ausschließlich Saatgut heimischer Wildpflanzen, im Idealfall aus regionaler Herkunft. Diese werden von Jahr zu Jahr schöner.

- Eine Beetumrandung aus Buchs erfordert viel Pflege, als Ersatz bieten sich immergrüner Lavendel, Heiligenkraut und wintergrüne Eberraute an.
- Hohe Sonnenblumen oder ein paar Reihen Zuckermais verstecken den Kompostplatz, bis Holunder und Haselstrauch groß genug sind.
- In ländlichen Regionen schützt ein Staketenzaun aus Kastanienholz das Gemüsebeet mit Möhren und Salat vor Kaninchen und unerzogenen Katzen.
- In klein dimensionierten Stadtgärten erfüllen Flechtwände aus Weide denselben Zweck.
- Als schnelle Lösung begrünt man Rankgerüste mit einjährigen Kletterpflanzen wie Feuerbohnen.

Natürlichen Sichtschutz schaffen

Eine Hecke aus Wildfruchtgehölzen wie Kornelkirsche, Sanddorn und Wildrosen erweitert das Obstangebot und bietet Vögeln, Schmetterlingen und anderen Insekten Nistplätze und Nahrung. Auch bei Schnitthecken sollte man heimischen Sträuchern den Vorzug geben. Liguster und Hainbuche lassen sich bestens formieren und bieten mit ihren dichten, fein verzweigten Ästen und dem lange haftenden Herbstlaub auch im Winter einen gewissen Sichtschutz. Wer gar keine Einblicke zulassen will, wählt immergrüne Eiben, in milderen Regionen oder mitten in der Stadt eignen sich Stechpalme und Berberitze. Feldahorn verträgt ebenfalls strengen Rückschnitt und schirmt mit seinen dichten Zweigen ab.

Lebensraum für nützliche Tiere

Ein größerer Naturteich ist Lebensraum für viele Tier- und Pflanzenarten und ermöglicht spannende Beobachtungen. Die offene Wasserfläche (Tief- und Niedrigwasserzone) sollte mindestens 2 m^2 groß sein, um ihre ökologische Funktion zu erfüllen. Ebenso wichtig ist ein großer, flacher Uferbereich mit Sumpfzone, die auch bei niedrigem Wasserstand nie völlig austrocknet. Geht es weniger um das Naturerlebnis, sondern eher um Spaß und Spiel für die Kinder, kann eine Kiesgrube mit Brunnen oder Wasseranschluss die bessere Entscheidung sein.

› Nützlinge lassen sich durch ein vielseitiges Nahrungsangebot und Verstecke leicht anlocken. So sind beispielsweise Ohrwürmer für mit Holzwolle gefüllte Tonhütchen als geeignete Herberge dankbar.

Die wichtigsten biologischen Anbaumethoden

Wer den Garten biologisch bewirtschaftet, kann sich an bewährten Verfahren orientieren. Was steckt hinter den Begriffen »biologisch-dynamisch«, »organisch-biologisch« und »Permakultur«? Verschaffen Sie sich hier einen Überblick!

› Biologisch-dynamische Gärtner berücksichtigen bei Aussaat, Pflanzung und Ernte auch kosmische Kräfte. Eine praktische Anleitung liefert Maria Thuns Mondkalender (→ Seite 61).

Wer sich für biologische Anbaumethoden interessiert, stellt schnell fest, dass »bio« eben nicht gleich »bio« ist. In der landwirtschaftlichen Produktion und der Lebensmittelverarbeitung sind die Unterschiede zwischen den Regeln und Vorschriften der verschiedenen Verbände entscheidend für die Anerkennung als Bioland-, Demeter- oder Naturland-Betrieb. »Erfunden« wurde der Biolandbau in den 1920er-Jahren von der Lebensreform-Bewegung. Sie wandte sich gegen die Verstädterung und Industrialisierung und forderte die Rückkehr zu einer naturgemäßen Lebensweise. Zeitschriften über das idyllische Landleben und Urban Gardening kannte man damals noch nicht – Parallelen zu heute sind aber durchaus vorhanden. Ob organisch-biologisch, biologisch-dynamisch oder Permakultur – es ist gar nicht so leicht, sich hier einen Überblick zu verschaffen, geschweige denn, sich für eine bestimmte Methode zu entscheiden. Das müssen Sie zum Glück auch gar nicht, denn alle genannten Anbauverfahren haben mehr gemeinsam, als sie trennt.

Biologisch-dynamischer Landbau

Die »biologisch-dynamische Wirtschaftsweise« geht in ihrem Prinzip auf Rudolf Steiner, den Begründer der Anthroposophie, und seine Vortragsreihe »Der landwirtschaftliche Kurs« zurück. Das biologisch-dynamische Wirtschaften setzt die Anwendung von Kompost- und Spritzpräparaten voraus. Sie werden aus Quarz, Kuhmist und Heilpflanzen wie Kamille und Schafgarbe hergestellt und fördern das Bodenleben, die Kompostqualität und eine harmonische Pflanzenentwicklung. Langjährige Versuche bestätigen ihre positive Wirkung: Der Humusgehalt, also die Zahl der Bodenlebewesen, die mit den Pflanzenwurzeln eine Lebensgemeinschaft bilden, ist bei regelmäßiger Anwendung deutlich erhöht – die beste Voraussetzung für ein gesundes Pflanzenwachstum! Die Berücksichtigung von Planetenkonstellationen beim Säen, Pflanzen und Ernten ist dagegen keine Bedingung für die Demeter-Anerkennung. Doch auch hier gibt es viele Nachweise für eine Wirkung. Passionierte Hobbygärtner können sich in einer der regionalen Gartengruppen austauschen und sich regelmäßig im Demeter-Gartenrundbrief über das biologisch-dynamische Gärtnern informieren.

Organisch-biologischer Landbau

Verbände, die nach organisch-biologischen Methoden arbeiten, wie Bioland oder Naturland, legen genauso großen Wert auf Kreislaufwirtschaft wie die Anhänger des biologisch-dynamischen Landbaus. Vielseitige Fruchtfolge, Nutzung von hofeigenem Dünger, Anbau von Gründüngung und schonende Bearbeitung sichern und fördern die Fruchtbarkeit des Bodens. Organisch-biologisches Gärtnern nach Biolandrichtlinien wurde von dem Agrarpolitiker Hans Müller entwickelt. Hierbei spielen auch die Verantwortung für Natur und gesunde Ernährung eine Rolle. Dazu gehören artgerechte Tierhaltung, Erzeugung wertvoller Lebensmittel, Förderung der Vielfalt, Bewahrung natürlicher Lebensgrundlagen und die Sicherung einer lebenswerten Zukunft.

› Eine Mischung, bei der sich Kräuter, Gemüse und Obst ergänzen, ist Bestandteil aller Anbaumethoden.

Nachhaltig: die Permakultur

Dieses Konzept hat seinen Namen vom englischen *permanent agriculture*, für das sein Entwickler Bill Mollison 1981 den Alternativen Nobelpreis erhielt. Der Permakultur-Pionier stammt aus Tasmanien, und seine Idee von einer nachhaltigen, verantwortungsvollen Lebensweise ging um die Welt. Dahinter steckt ein ganzes Bündel unterschiedlicher Denkansätze. Biologisches Gärtnern gehört in jedem Fall dazu, der Leitfaden der Permakultur umfasst jedoch noch weit mehr. Im Garten beruht das Konzept auf der Beobachtung der Natur und dem bewussten Umgang mit vorhandenen Ressourcen. Dabei werden Lebensräume als ökologische Kreislaufsysteme aufgefasst, die langfristig für stabile Gleichgewichte zwischen Geben und Nehmen sorgen. Noch wichtiger ist es, durch individuelles Handeln zusätzliche Perspektiven zu schaffen, ob im städtischen Umfeld oder auf dem Land. Auch die beliebte Kräuterspirale (→ Seite 125) ist ein Element aus der Permakultur.

PRAXIS FÜR BIO GÄRTNER

Mein Garten als Standort

Gärtner sind darauf bedacht, ihren Pflanzen möglichst optimale Wachstumsbedingungen anzubieten. So gedeihen sie am besten und bilden wertvolle Inhaltsstoffe. Deshalb ist es wichtig, den jeweils richtigen Standort für die Gemüsebeete und Obstgehölze zu finden.

› Verschaffen Sie Pflanzen in zu dicht gewachsenen Beständen rechtzeitig Luft und Licht.

Pflanzen haben bestimmte Ansprüche an ihren Standort. Sie betreffen den Boden (→ Seite 20–23) sowie Licht, Wasser, Temperatur und Luft.

Für Sonnenanbeter und andere

Gemüsepflanzen, Obstgehölze und Kräuter fühlen sich in der Regel nur auf der Sonnenseite des Gartens wohl (→ Seite 10/11). Folglich planen Sie Platz für Beete bzw. Pflanzstellen an der Südseite ein. Richten Sie die Beete möglichst in Nord-Süd-Richtung aus. Dann sind sie selbst im Winter gut besonnt. Möchten Sie jedoch Flächen an der Ost- oder Westseite des Hauses bzw. im Schatten hoher Bäume, Hecken oder Mauern nutzen, beobachten Sie, wo die Sonne mindestens sechs Stunden pro Tag scheint. Hier gedeihen solche Arten, die Halbschatten vertragen (→ Porträts). In Nordrichtung, wo selbst im Sommer nur Morgen- oder Abendsonne Licht in den Schatten bringt, wachsen Radieschen, Salat, Dill, Petersilie, Schnittlauch, Sauerampfer, Mangold, Rote Bete, Kohlrabi, Brombeere, Rhabarber und Sauerkirsche.

Regen bringt (meist) Segen

Gefühlt herrscht bei uns viel öfter Regenwetter als strahlend blauer Himmel. Doch in den letzten Jahren macht sich der Klimawandel immer deutlicher bemerkbar. Wann und wie ergiebig der Himmel seine Schleusen öffnet, lässt sich am besten mit einem Regenmesser beurteilen, denn auch regional sind die Unterschiede oft groß. Nur mit Regenmesser können Sie sicher sein, dass das vom Himmel fallende Nass auch für die reifenden Himbeeren oder frisch gepflanzten Kohlrabi ausreicht und Sie sich den Gang mit der Gießkanne tatsächlich sparen können. Bleibt der Regen über viele Wochen aus, sind andere Strategien erforderlich, damit die Feuchtigkeit bis in den gesamten Wurzelbereich vordringt und möglichst lange erhalten bleibt (→ Seite 40/41).

Das Mikroklima nutzen

Wärme bzw. Kälte wirkt sich im engen Wechselspiel mit Licht und Wasser auf das Pflanzenwachstum aus. Bei starker Sonneneinstrahlung herrscht meistens

› Ein sonniges Beet mit nährstoffreicher Erde ist ideal für den Anbau von Buschbohnen, Roten Beten, Möhren, Kohlrabi, Salat und duftendem Muskateller-Salbei. Rhabarber und Beifuß gedeihen auch im Halbschatten.

zugleich Hitze. Der Boden trocknet schnell aus. Das führt dazu, dass Radieschen pelzig und Kohlrabi holzig werden. Eine Kälteperiode kann die gleiche Auswirkung haben. Darunter leiden dann auch wärmebedürftige Arten wie Gurken und Basilikum. Im Frühling und im Herbst müssen Sie zudem mit überraschenden Spät- bzw. Frühfrösten rechnen.

PRAXISTIPP

Salat, Zwiebeln, Möhren, Sellerie, Weißkohl, Wirsing, Mangold und Rote Bete schießen leicht, d. h., sie beginnen vorzeitig zu blühen, wenn sie im Jugendstadium einer **Kälteperiode** ausgesetzt sind. Halten Sie vorgezogene Jungpflanzen besser im Warmen, bis die Kälte vorüber ist. Schützen Sie bereits gesäte oder gepflanzte Gemüse bei Spätfrostgefahr vor allem nachts mit Gärtnervlies.

Empfindliche Kräuter und Gemüse dürfen erst ins Freiland, wenn sicher keine Minusgrade mehr zu erwarten sind. Den ersten Salat oder für die späte Ernte bestimmte Gemüse schützt man mit Vlies vor einem Kälteeinbruch (→ Seite 106/107). Wärmeliebende Birnen, Aprikosen, Weinreben oder Pfirsiche bevorzugen sonnige Südost- oder Südwestwände. An einer voll nach Süden ausgerichteten Wand treiben Pfirsiche und Aprikosen oft zu früh aus!

Von lauen Lüftchen

Ein luftiger Standort ist ein wichtiger Wachstumsfaktor. Stärkeren Wind oder ständige Zugluft vertragen nur wenige Pflanzen. An feuchten Standorten haben Pilzkrankheiten leichtes Spiel, trockene Hitze fördert den Befall mit Spinnmilben oder Schildläusen. Im Garten lässt sich die Luftfeuchtigkeit kaum beeinflussen. Großzügige Pflanzabstände sorgen aber für ausreichende Luftzirkulation. Im Frühbeet oder Gewächshaus ist häufiges Lüften oberstes Gebot. Automatische Fensterheber sind eine gute Anschaffung und können nachträglich montiert werden.

Guter Boden – gesunde Pflanzen

Der Boden ist die Grundlage für gesundes Pflanzenwachstum. So einzigartig wie Ihr Garten, so eigen setzt sich darin auch die Erde zusammen. Lernen Sie den Boden kennen! In den meisten Fällen müssen Sie für dessen Fruchtbarkeit nicht mehr viel tun.

› Ein lebendiger Boden ist die Garantie für dauerhafte Fruchtbarkeit und widerstandsfähige Pflanzen. Und wer das Ökosystem zu seinen Füßen kennt, kann Pflege und Bearbeitung viel besser darauf abstimmen.

Locker, gut durchlüftet und feinkrümelig – so sieht der ideale Gartenboden für den Anbau von Obst, Gemüse und Kräutern aus. Die 25–30 cm dicke obere Schicht enthält alle wichtigen Nährstoffe für das Pflanzenwachstum und ist Lebensraum für unzählige größere bis winzig kleine Bodenlebewesen. Solch ein Boden ist leider selten, meist muss man zunächst mit weniger günstigen Bedingungen vorliebnehmen. Doch schon mit wenigen Maßnahmen können Sie den Gehalt an fruchtbarem Humus und damit auch die Bodenstruktur deutlich verbessern.

Lernen Sie Ihren Boden kennen

Um die Fruchtbarkeit Ihres Bodens beeinflussen zu können, müssen Sie die Bodenart bestimmen. Boden besteht aus unterschiedlichen Anteilen an hellerem Sand, Lehm oder Ton und dunklem Humus. Der eine Boden wird als leicht bezeichnet, der andere als schwer – je nachdem, wie viel Mühe die Bearbeitung macht. Wie es um Ihren Boden bestellt ist, sagt die Finger- oder Faustprobe aus: Kneten Sie ein walnussgroßes Stück feuchte Erde zwischen Ihren Fingern.

› Humusreicher, lehmiger Boden zerfällt zwischen den Fingern in feine Krümel, klebt kaum und ist leicht zu bearbeiten.

› Mit der Finger- oder Faustprobe können Sie die verschiedenen Bodenarten leicht voneinander unterscheiden.

- Sandboden fühlt sich rau und körnig an, haftet nicht und rieselt einfach durch die Finger. Die Erde ist leicht zu bearbeiten und erwärmt sich schnell. Im Frühling trocknet sie rasch ab und ermöglicht frühe Saaten. Andererseits versickert Regenwasser rasch ins Grundwasser und nimmt dabei Nährstoffe mit. Daher muss man häufig gießen und die Düngergaben sorgfältig auf das Pflanzenwachstum abstimmen.
- Tonboden lässt sich wie Knetmasse zu kleinen Würstchen mit glänzender Oberfläche rollen. Diese Böden können beachtliche Mengen an Wasser und Nährstoffen speichern. Beim Umgraben, Hacken und Lockern kommt man aber gehörig ins Schwitzen, und wenn man damit nicht wartet, bis die Erde gut abgetrocknet ist, gibt's statt feiner Krümel dicke, betonharte Klumpen. Setzlinge brauchen lange, bis sie Wurzeln schlagen.
- Lehmiger Boden nimmt eine Mittelstellung zwischen beiden Extremen ein. Zwischen den Fingern fühlt sich die Erde samtig bis mehlig an, lässt sich gut formen, klebt aber nicht. Der Wasser-, Wärme- und Nährstoffhaushalt dieser Böden stimmt. Im Sommer verdunstet viel Wasser, im Winter kühlen die oberen Bodenschichten stark aus, und bei Regen verschlämmt die Erdkruste.

Die Erde als Lebensraum

Auf einem Quadratmeter Gartenboden leben bis in 30 cm Tiefe grob geschätzt 80 bis 100 Regenwürmer, 300 Asseln, 50 000 Springschwänze, Tausendfüßer, Käfer und Milliarden von Wimperntierchen, Pilzen, Algen und Bakterien. Sie zersetzen Pflanzenreste sowie tierische Stoffe und lösen die darin enthaltenen Nährstoffe. Diese können daraufhin von den Pflanzenwurzeln aufgenommen werden. Anschließend »verbauen« die fleißigen Erdbewohner mineralische und organische Bestandteile zu den von allen Gärtnern angestrebten stabilen Bodenkrümeln.

Humus macht die Erde fruchtbar

Ohne Humus – die organischen Bestandteile des Bodens – hätten Gartenbeete allenfalls den Wert eines Sandkastens. Humus speichert Wasser und ist der Nährstofflieferant für Bodenlebewesen und Pflanzen. Er entsteht durch den Umbau von Kohlenhydraten, Fetten und Eiweißen. Das geht, wie beim Kompostieren, auch im Boden relativ schnell.

- Die leicht verwertbaren Humusbestandteile werden rasch vollständig abgebaut. Deshalb müssen die Grundstoffe in Form von Gründüngung und Pflanzenmulch ständig nachgeliefert werden.

› Gras und Wildkräuter machen sich vor allem auf neu angelegten Beeten breit. Frühzeitiges Jäten verhindert, dass sie mit Salat und anderem Gemüse um Wasser, Licht und Nährstoffe konkurrieren.

- Bei verholzten Pflanzenteilen benötigen Bodenlebewesen oft Jahrzehnte für die völlige Vererdung. Dieser dunkle Dauerhumus stellt die Hauptmasse der organischen Substanz. Sein langsamer Abbau versorgt die Pflanzen mit Stickstoff und Phosphor.

Unerwünschtes aufspüren

Erkundigen Sie sich beim Neubau oder der Übernahme eines Grundstücks, wie die Fläche vorher genutzt wurde. Schadstoffe wie Pflanzenschutzmittelrückstände, Hydrauliköl von Baumaschinen oder Schwermetalle schaden dem Boden, den Pflanzen, Tieren und Mikroorganismen. Sie verunreinigen das Grundwasser oder werden von uns auf »Umwegen« wieder aufgenommen. Informationen der Vorgänger über die bisherige Nutzung sind hilfreich, wenn Sie eine Bodenanalyse in Auftrag geben, weil das Labor gezielt nach bestimmten Chemikalien suchen kann.

Pro und kontra: Wildkräuter

Viele Gewächse siedeln sich im Garten von selbst an. Das erfreut nicht immer, sagt aber etwas über die vorliegenden Bodenverhältnisse aus.

Brennnesseln bedeuten gute Nachrichten

Sogenannte Zeigerpflanzen können Ihnen einiges über die Beschaffenheit Ihres Bodens verraten.

- Huflattich, Hahnenfuß und Hirtentäschel bevorzugen kalkreiche, trockene Böden.
- Wo sich Gelbfelberich ausbreitet, ist die Erde ebenfalls kalkhaltig, aber auch sehr feucht.
- Kriechender Hahnenfuß zeigt lehmige Böden an, die im Frühling lange nass und kalt bleiben.
- Brennnesseln besiedeln mit Vorliebe nährstoff- und humusreiche Böden und hinterlassen eine lockere, feinkrümelige Pflanzerde.

- Trifft man Kamille und Ackerstiefmütterchen an, hat man es mit kalkarmer, saurer Erde zu tun. Sie ist gut für Erdbeeren und Himbeeren!
- Schachtelhalm kündet von verdichteten Boden, z. B. durch Baumaschinen oder häufiges Betreten bei Nässe. Hier hilft die mindestens zweijährige Einsaat tief wurzelnder Gründüngungspflanzen (→ Seite 39) oder tiefe Bodenlockerung.

Wenn aus Wildkraut Unkraut wird

Biogärtner mögen gegen Löwenzahn zwischen den Salatköpfen nichts haben. Nimmt er überhand, bleibt der Salat auf der Strecke. Gegen unerwünschte Beikräuter können Sie je nach Art vorgehen:

- **Samenunkräuter** wie Ehrenpreis, Franzosenkraut und Vogelmiere bekommen Sie durch frühzeitige Beetvorbereitung in den Griff. Nach ein, zwei Wochen bei trockenem Wetter noch einmal hacken.
- **Unkräuter mit Pfahlwurzel** wie Löwenzahn, Distel und Schachtelhalm stechen Sie komplett aus.
- **Ausläuferbildende Wurzelunkräuter** wie Giersch, Quecke und Winde müssen komplett heraus: Jedes winzige in der Erde verbliebene Wurzelstückchen treibt wieder aus. Am leichtesten sind sie aus der Erde zu ziehen, wenn diese leicht feucht ist. Lassen Sie Wurzelunkräuter in einem Eimer mit Wasser vergären. Dann auf den Kompost geben.

› Eine dicke Mulchschicht aus Stroh unterdrückt unerwünschte Beikräuter und bewahrt Erdbeeren vor Verschmutzung und Grauschimmel.

Die Bodenvorbereitung

Beete bereitet man üblicherweise bereits im Herbst auf die ersten Aussaaten und Pflanzungen vor. Ob man hierfür tiefergehend umgraben sollte, wobei Scholle für Scholle umgedreht wird, darüber streiten sich selbst Biogarten-Profis. Meist ist tiefes Lockern mit der Grabegabel besser als eine wendende Bodenbearbeitung. Maria Thun, eine Pionierin der biologisch-dynamischen Anbaumethode und Herausgeberin der Jahreskalenderserie »Aussaattage«, empfahl, die Erde **im Herbst** umzugraben, weil dadurch die kosmischen Kräfte besser auf den Boden einwirken könnten. Dafür spricht auch, dass Winterfröste die Schollen aufbrechen und lehmige Böden demzufolge im Frühling leichter zu bearbeiten sind. An der Bodenbeschaffenheit ändert sich dadurch allerdings wenig, und im nächsten Jahr steht man wieder vor demselben Problem. Probieren Sie einfach selber aus, ob Sie nicht leichter zum Ziel kommen, wenn Sie den Gartenboden erst **im Frühling** bearbeiten, sobald die Erde gut abgetrocknet ist und nicht mehr an Grabegabel und Gartenschuhen kleben bleibt. Dann lassen sich auch die Pflanzenreste der Gründüngung, Ernterückstände und selbst die Pfahlwurzeln des Löwenzahns ganz leicht entfernen. Für die tiefe Bodenlockerung mit der Grabegabel, dem Kultivator oder Sauzahn brauchen Sie viel weniger Kraft und Zeit. Zudem werden die Bodenlebewesen erheblich weniger in Mitleidenschaft gezogen.

Das erste Beet anlegen

Bevor Sie loslegen, stellt sich die Frage: Beete mit oder ohne Rahmen? Beete ohne Begrenzung lassen sich leichter an die Geländeform anpassen. Vorteile einer Umrandung aus Brettern oder Holzbohlen sind, dass die Erde beim Harken und Hacken nicht auf die Wege fällt und der Garten im Winter nicht so leer wirkt. »Grenzverletzungen« durch wuchernde Unkräuter oder Gras werden erschwert. In großen Gärten summieren sich aber auch preiswerte Umrahmungen rasch auf eine beachtliche Investition. Probieren Sie es daher erst einmal ohne Rahmen. Dann können Sie die Beete auch jederzeit umgestalten. Grundsätzlich gilt: Legen Sie die Beete nicht breiter als 1,2 m an, damit Sie alle Arbeiten bequem vom Rand aus erledigen können. Beete vor Mauern oder Hecken sollten nur 60 cm Breite haben.

Was Sie dafür benötigen:

Pflanzpflöcke mit Schnur

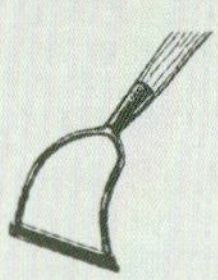

Hacke

Grabegabel

Kompost

Rechen oder breite Harke

1

Ein günstiger Zeitpunkt für die Anlage eines neuen Beets ist der Frühling. Messen Sie die Fläche mit dem Zollstock aus und schlagen Sie Pflöcke in die Ecken. Stecken Sie die Beetgrenze danach mit der Pflanzschnur ab. **Tipp:** Die Nord-Süd-Ausrichtung bietet optimale Belichtungsverhältnisse für Gemüse.

2

Entfernen Sie Reste einer Gründüngung und Unkraut mit der Ziehhacke. Feine Wurzeln bleiben im Boden, grobe Wurzelstücke werden anschließend beim Lockern entfernt.

Tiefe Bodenlockerung zahlt sich aus. Stechen Sie die Grabegabel alle 10 cm tief in die Erde und bewegen Sie den Stiel kräftig hin und her. Leichte Böden lockern Sie mit dem Sauzahn oder Kultivator. Grobe Krümel dann mit Krail oder Hacke zerkleinern.

Anschließend Reifkompost ausbringen und flach mit dem Rechen einarbeiten. Leichte Böden mit nährstoff- und wasserspeichernden Gesteinsmehlen verbessern. **Tipp:** Auf schweren Böden die Erde zu einem flachen Hügel formen. Dann erwärmt sie sich schneller.

Das Beet zum Schluss mit der Harke einebnen. Zu fein sollte die Beeterde nicht sein, sonst verschlämmt die Oberfläche bei Regen. Vor der ersten Aussaat oder Pflanzung muss sich die Erde nun mindestens zehn Tage absetzen. Dann wurzeln die Pflanzen schneller in den Boden ein.

Viele gute Gründe für ein Hochbeet

Hochbeete sind eine vielfältige Bereicherung für den Garten. Sie ermöglichen entspanntes Arbeiten in aufrechter Haltung, sind förderlich für das Pflanzenwachstum und dank der vielfältigen Materialien ein Hingucker.

› Das Hochbeet aus Ziegel- und Feldsteinen passt perfekt zum restaurierten Fachwerkhaus. Man kann Hochbeete aber auch wesentlich weniger aufwendig herstellen.

Wenn Sie sich für Selbstversorgung aus dem eigenen Garten interessieren, dauert es nicht lange, bis Sie über das Thema Hochbeete stolpern. Die Idee, den Anbau von Gemüse, Obst und Kräutern in eine bequeme Arbeitshöhe zu verlagern, liegt voll im Trend. Während Hochbeete früher als ein Hilfsmittel für Menschen mit Rücken- oder Knieproblemen gesehen wurden, werden sie inzwischen von jungen und alten Gärtnern und Gärtnerinnen, von gesunden und solchen mit Handicaps gleichermaßen genutzt und geliebt. Sie sind heutzutage aus modernen Nutzgärten nicht mehr wegzudenken, und das hat viele gute Gründe.

Ergonomisch sinnvoll

Als Erstes werden Sie die angenehme Arbeitshöhe an einem Hochbeet schätzen lernen. Ermüdendes Bücken auf dem Boden gibt es beim Arbeiten an einem Hochbeet praktisch nicht mehr. Beim Bau können Sie die Höhe des Beets genau auf Ihre Körpergröße abstimmen, sodass Sie die Pflanz- und Pflegearbeiten

› Aufsatzrahmen für Europaletten mit praktischen Grifflöchern lassen sich zu Gemüse- oder Kräuterbeeten umfunktionieren.

› In diesem dicht bepflanzten Hochbeet aus Flechtwerk ist Platz für eine Vielfalt an Salaten.

in lockerer und bequemer Haltung ausführen können. Interessant ist auch der geänderte Blickwinkel auf Ihre Pflanzen im Hochbeet. Sie werden bemerken, dass Ihnen die Gemüse und Kräuter viel näherkommen. Sie entdecken Kleinigkeiten, die Ihnen bislang nie aufgefallen sind, und nehmen Veränderungen an den Pflanzen viel früher wahr. Das hat auch den Vorteil, dass Sie Krankheiten und Schädlinge schneller sehen und ihnen rechtzeitig entgegenwirken können.

Ökonomisch sinnvoll

Von einem Hochbeet können Sie deutlich mehr ernten als von einer vergleichbaren Fläche eines Grundbeets. Das liegt an den optimalen Wachstumsbedingungen im Hochbeet. Sie können es dichter bepflanzen und während einer Vegetationsperiode mehr Kulturen nacheinander anbauen als in einem normalen Gartenbeet. Die höhere Bodentemperatur im Hochbeet, die durch die Verrottung der organischen Füllung und durch die Erwärmung der Beetwände entsteht, sorgt dafür,

- dass Sie im Frühjahr eher mit den ersten Aussaaten beginnen können,
- dass die Pflanzen schneller wachsen und
- dass die Pflanzen sich im Herbst auch dann noch weiterentwickeln, wenn in einem üblichen Gartenbeet die Wachstumssaison schon vorbei ist.

Ökologisch sinnvoll

Im Hochbeet haben Sie die Möglichkeit, viele verschiedene Gemüse- und Kräuterarten anzubauen. Ein Hochbeet ist also ideal, wenn Sie an einer gesunden, abwechslungsreichen Ernährung interessiert sind und sich mit unterschiedlichen Arten möglichst das ganze Jahr über selbst versorgen möchten. Ohne viel Zutun entsteht daher im Hochbeet eine gesunde Mischkultur. Mit ein wenig Fachwissen setzen Sie Pflanzen, die sich gegenseitig positiv beeinflussen, nebeneinander. In einem solchen förderlichen Miteinander werden die Nährstoffvorräte aus dem Boden von den Pflanzen optimal ausgenutzt. Außerdem bleiben Obst, Kräuter und Gemüse ohne den Einsatz chemischer Pflanzenschutzmittel gesund.

Ein Hochbeet aus Holz

Ein Hochbeet ermöglicht rückenschonendes Arbeiten und verlängert die Erntezeit um bis zu zwei Monate. Die ersten drei Jahre ist das Nährstoffangebot üppig. Starkzehrer wie Kohl, Zucchini, Tomaten und Gurken gedeihen prächtig. Danach können Sie Mittel- und Schwachzehrer wie Salat und Buschbohnen anbauen. Nach sechs bis acht Jahren ist das Beet erschöpft. Dann muss man es neu aufsetzen.

Was Sie dafür benötigen:

Holzbretter

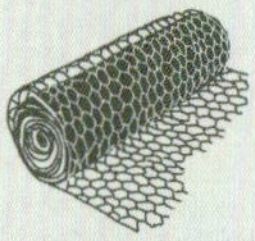

Kaninchendraht

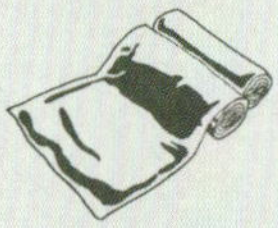

Teichfolie

Wasserwaage

Hammer und Schraubenzieher

1

Stecken Sie die Fläche für das Hochbeet (ca. 120 cm × 80 cm, Höhe ca. 80 cm) mit Pflöcken und Richtschnur ab. Die oberste Bodenschicht ca. 10 cm tief abtragen. Zum Schutz vor Wühlmäusen Kaninchendraht auslegen.

2

Schlagen Sie die vier Eck- und zwei Mittelpfosten (angespitzt, ca. 9 cm stark, 110 cm lang) etwa 30 cm tief in den Boden. Nageln oder schrauben Sie anschließend die Holzdielen für die Seitenwände (4 × 120 cm × 40 cm × 2,5 cm und 4 × 80 cm × 40 cm × 2,5 cm) an die Pfosten.

Kleiden Sie die Seitenwände mit Teichfolie aus. Sie schützt die Konstruktion aus witterungsbeständigem Lärchen- oder Douglasienholz vor Feuchtigkeit. Füllen Sie das Drainagematerial ein. Die unterste Schicht aus Holz- und Strauchschnitt treten Sie gut fest, damit sie sich später nicht zu stark setzt. Sie sollte etwa 30 cm dick werden.

Ausgestochene Erdschollen oder Rasensoden (mit der Grasnarbe nach unten) auf die Zweigschicht legen. Darauf 30–40 cm hoch Rohkompost verteilen. Als letzte Schicht folgt ein Gemisch aus Kompost und Gartenerde (Mischungsverhältnis 2:1).

Im Frühling das Beet mit gesiebter Gartenerde auffüllen und die ersten Setzlinge einpflanzen. **Tipp:** Schützen Sie das Hochbeet bis dahin mit einem Mulchvlies, damit keine Nährstoffe ausgewaschen werden.

Das braucht der Biogärtner

Für den Anfang reicht eine Grundausstattung an Werkzeug und Geräten. Wichtig ist: Stiele, Scheren und Sägen müssen gut in der Hand liegen und auf die Körpergröße abgestimmt sein. Gutes Werkzeug ist nicht billig, hält aber (fast) ein Gärtnerleben lang.

Eine Pflanzschnur mit Erdspieß brauchen Sie zum Abstecken der Beete und um bei der Aussaat und Pflanzung den geraden Verlauf der Reihen zu markieren.

In Süddeutschland sagt man Rechen, im Norden verwendet man die Harke zum Abrechen bzw. Abharken, z. B. von Mulchresten auf dem Gemüsebeet. Bei der Beetvorbereitung sorgt man damit für eine feinkrümelige, ebene Erdoberfläche und drückt mit der Rückseite Saatrillen an.

Probieren Sie Gartenscheren beim Kauf aus. Sie sollten ergonomisch geformte Griffe haben und gut in der Hand liegen, damit Sie ermüdungsfrei arbeiten können.

Mit der Grabegabel lockert man lehmige Böden oder setzt Pflanzen mit empfindlichen Wurzeln um. Günstig ist ein T-förmiger Griff, der bis zum ersten Rippenbogen reicht.

Gießkannen aus Metall zeichnen sich durch ihr Robustheit aus. Sie sin schwerer und teurer als Plastikkannen, halten aber viele Jahre.

Gartenhandschuhe aus Stoff sind atmungsaktiv und universell einsetzbar. Zur Pflege von Brombeeren oder Rosen ziehen Sie besser Lederhandschuhe an.

Ein Vierzahn oder Krail kann Hacke und Rechen ersetzen. Der dreizinkige Kultivator lockert verkrustete oder verschlämmte Oberflächen. Auf schweren Böden arbeitet man mit dem einzinkigen Kultivator (Sauzahn).

Mit der Pflanzkelle können Sie Erde in Töpfe schaufeln und Pflanzgruben für Setzlinge ausheben. Auf lehmigen, nassen Böden tun Sie sich dabei mit einer Handgabel leichter.

Auch wenn man auf Umgraben verzichtet, ist ein Spaten wichtig zum Ausheben größerer Pflanzlöcher und zum Abstechen von Beet- und Rasenkanten.

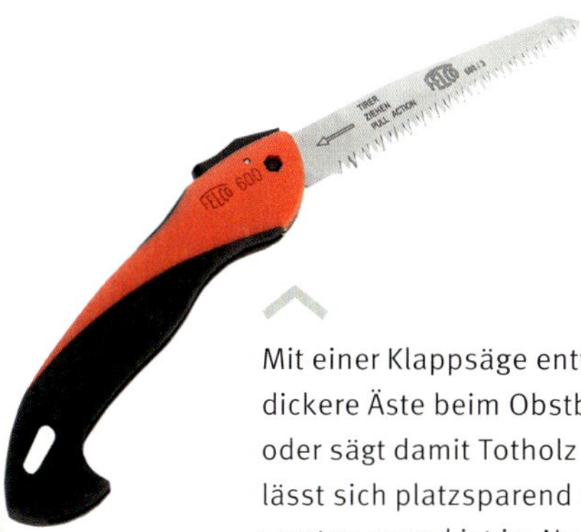

Mit einer Klappsäge entfernt man dickere Äste beim Obstbaumschnitt oder sägt damit Totholz klein. Sie lässt sich platzsparend und sicher verstauen und ist im Nu einsatzbereit

Ziehhacken benutzt man zum Unkrautjäten und zur oberflächlichen Bodenlockerung. Sie erlauben aufrechtes Arbeiten.

Je länger die Griffe der Astschere, desto mehr Kraft wird auf die Klinge übertragen. Runde Klingen halten Äste besser fest.

Kompost gut – alles gut!

Eigener Kompost ist Gold wert und liefert Humus sowie Dünger zum Nulltarif. Es ist faszinierend zu erleben, wie aus Pflanzenresten Pflanzennahrung wird. Außerdem finden Spitzmäuse, Amseln und Zaunkönig selbst am kleinen Kompostplatz Futter.

› In großen Gärten sind mehrere Komposter sinnvoll. Zwei wären prima: einer zum Sammeln von Material, einer zum Mischen und Aufsetzen. Bei wenig Platz reicht die Minimallösung: ein Behälter zum Aufsetzen.

Auf die Dauer kosten Pflanzerde, Rindenmulch und Dünger viel Geld. Die Investition in einen guten Komposter macht sich dagegen schnell bezahlt – mit vielseitig verwendbarer organischer Substanz.

Die eigene Kompostfabrik

Regenwürmer und Mikroorganismen ernähren sich von Ernte- und Küchenabfällen und verarbeiten sie zu wertvollem Humus. Er dient der Bodenverbesserung, der Düngung und als Mulchdecke. Dafür brauchen Sie einen geeigneten Kompostbehälter an einem halbschattigen Standort (→ Seite 18).
Bestens für den Biogarten geeignet sind Komposter aus unbehandeltem Holz (z. B. aus Lärchen- oder Douglasienholz) zum Zusammenstecken. Der Abstand zwischen den Latten sollte 2–3 cm betragen, gerade so viel, dass nichts herausfallen kann, aber dennoch eine gute Durchlüftung gewährleistet ist. Alle Kompostbehälter, auch Thermokomposter, müssen auf offenem Boden stehen, damit Kompostlebewesen wie Würmer einwandern können.

Nahrung für die Lebewesen im Kompost

Zum Kompostieren eignen sich z. B. angetrockneter Rasenschnitt, Erntereste, verwelkte Stauden sowie Küchenabfälle. Obstbaum-, Strauch-, Heckenschnitt und grobe Pflanzenteile wie Kohlstrünke oder Puffbohnenstängel sollten Sie vorher in ca. 8–10 cm lange Stücke schneiden oder häckseln. Selbst schwer verrottendes Herbstlaub lässt sich kompostieren, wenn Sie es mit dem Rasenmäher etwas zerkleinern. Die Mikroorganismen haben so mehr Angriffsfläche, und Abbauprozesse kommen schneller in Gang.
Nicht auf den Kompost gehören Katzenstreu, Hundekot, nicht abbaubare Stoffe (Plastik, Metall), Holzasche (Schwermetallrückstände!), Staubsaugerbeutel, Straßenkehricht sowie samentragende Unkräuter und kranke Pflanzenteile. Mit Mehltau oder Grauschimmel befallene Teile sind unbedenklich.

Die Mischung macht's!

Kompostlebewesen bevorzugen gleichmäßig feuchte Pflanzenreste mit mittlerem Stickstoffgehalt. Vermischen Sie also frische, feuchte Ernterückstände und Putzabfälle von Gemüse mit vertrocknetem Staudenschnitt oder stickstoffreichen Rasenschnitt mit stickstoffarmem Gehölzhäcksel und setzen Sie das gründlich vermengte Material schichtweise auf.

› Durch Kompostieren verwandeln Sie scheinbar überflüssiges Grünzeug in schwarzes Gärtnergold.

Gelegentlich eine Kompostkontrolle

Stimmt die Mischung, übernehmen die Kompostlebewesen die Hauptarbeit, und Sie haben nach dem Aufsetzen erst einmal Pause. Zuweilen kommt jedoch der Rotteprozess ins Stocken. Die möglichen Ursachen dafür können folgende sein:

- Bei einem hohen Laubanteil müssen die Blätter zwar gut angefeuchtet werden. Aber Achtung: Bei Nässe verkleben sie dann auch sehr leicht.
- Rasenschnitt erhitzt sich zunächst rasch, fällt dann zusammen, wird matschig und beginnt zu faulen.

In diesen Fällen genügt es meistens, den Kompost mit der Grabegabel nochmals gut aufzulockern. Zeigt das keinen Erfolg, müssen Sie das Material umschaufeln, noch einmal gut durchmischen und anschließend neu aufsetzen. Im Randbereich offener Kompostbehälter finden sich häufig mit weißem Pilzrasen überzogene Pflanzenreste. Das zeigt: Der Kompost ist zu trocken. Befeuchten Sie dann die Randzone. Stellt sich heraus, dass der Randbereich zwar trocken, die Mitte aber zu nass ist, müssen Sie die Mischung ebenfalls umsetzen.
Abhängig von Material und Witterung ist der Kompost nach sechs, spätestens zwölf Monaten reif.

PRAXISTIPP

Wer Anzuchterde selbst mischt, sollte dafür nur gut ausgereiften Kompost verwenden. Ob der Kompost reif ist, zeigt der **Kressetest**: Dazu 1 Esslöffel Samen in eine Schale mit gesiebtem Kompost säen und gleichmäßig feucht halten. Zeigen sich nach drei bis vier Tagen saftig grüne Sprossen, ist alles bestens. Sind die Sämlinge gelb und kümmern, muss der Kompost nachreifen.

So klappt's mit dem Kompost

Kompostieren ist keine Kunst. Verarbeiten Sie mindestens ein Drittel trockenes Material auf zwei Drittel feuchte Gartenreste. Faule oder verschimmelte Pflanzenteile und die meisten Unkräuter dürfen Sie mit verarbeiten. Mit Kohlhernie, Braunfäule oder anderen leicht übertragbaren Krankheiten befallene Pflanzenreste dagegen keinesfalls! Wurzelunkräuter vor dem Kompostieren unbedingt vertrocknen oder in einem Eimer Wasser vergären lassen.

Was Sie dafür benötigen:

Handschuhe

Sammelkörbe

Material zum Kompostieren

Erd- oder Kompostsieb

Sammeln Sie Laub, verholzte Stängel, Erntereste, also alles, was Garten und Küche hergeben, in einem separaten Behälter. Lassen Sie dabei aber nur so viel zusammenkommen, dass das Um- und Aufsetzen in kurzer Zeit erledigt ist.

Mischen Sie das Material aus dem Sammelbehälter gut durch und setzen Sie es dann schichtweise auf. Als Kompoststarter auf jeder Schicht 1 Schaufel Reifkompost verteilen und den Haufen mit Stroh oder Kompostvlies abdecken.

Nach abgeschlossener Reife ein Erdsieb, bei größeren Mengen ein Durchwurfsieb auf eine Wanne oder Schubkarre legen, ein bis zwei Schaufeln Kompost daraufgeben und mit der Schaufel oder den Händen (dabei Handschuhe tragen!) durchreiben. Grobe Überbleibsel absammeln und erneut kompostieren.

Den reifen Kompost gleichmäßig auf dem Beet verteilen und mit dem Kultivator höchstens 10 cm tief in die obere Bodenschicht einharken. Als Grunddüngung im Frühling reichen ca. 3 l/m^2. Anspruchsvolle Gemüse erhalten 5 l/m^2. **Tipp:** Als Maß eignet sich ein ausgedienter Küchenmessbecher oder ein kleiner Eimer.

Die Reifeprüfung

Mit der **Faustprobe** können Sie den Rotteverlauf im Kompost leicht kontrollieren: Nehmen Sie eine faustgroße Menge in die Hand. Die richtige Feuchtigkeit hat das Material, wenn beim Zusammendrücken ein paar Tropfen Wasser austreten. Lässt es sich wie ein Schwamm auspressen, ist es zu nass und muss neu gemischt werden. Einfache Maßnahme, wenn der Kompost zu trocken ist: mehrmals begießen, das Wasser dabei immer wieder einsickern lassen, bis der richtige Feuchtegrad erreicht ist.

Düngen – ganz natürlich!

Der Boden ist ein Ökosystem, bei dem Mikroorganismen, Pflanzen und Wetter eng zusammenspielen. Düngen heißt, den Boden zu beleben, also »Bodenlebewesen« zu fördern. Das besorgen Kompost und andere organische Rohstoffe.

› Ist der Boden im Gleichgewicht und die Nachlieferung von Nährstoffen für Pflanzen und Boden durch regelmäßige Humuszufuhr gesichert, wächst das Gemüse so gesund und üppig wie hier.

Pflanzen entziehen dem Boden Nährstoffe, die regelmäßig ersetzt werden müssen – so die herkömmliche Denkweise. Wie langjährige biologisch-dynamische Forschungen zeigen, ist der Auf- und Abbau der Nährstoff- und Humusvorräte im Zusammenspiel von Temperatur, Feuchtigkeit und der Aktivität von Mikroorganismen ein ständiges Geben und Nehmen. Biogärtner verwenden daher lieber organische Dünger natürlichen Ursprungs. Klar ist: Auch Kompost, Mist, Hornspäne und andere tierische und pflanzliche Naturdünger müssen durch Bodenlebewesen »mineralisiert« werden, damit Pflanzenwurzeln sie aufnehmen können. Die Wirkung setzt erst drei bis sechs Wochen nach der Ausbringung ein, ist aber nachhaltig, d. h., Natürdünger liefern stetig Nährstoffe nach. Mineralische Dünger dagegen stehen den Pflanzen sofort zur Verfügung. Sie wirken sehr rasch, der Effekt verpufft aber ebenso schnell.

Das brauchen Ihre Pflanzen

Die Hauptnährstoffe, die von Pflanzen in größeren Mengen benötigt werden, sind Stickstoff, Phosphat und Kalium sowie Kalzium.

- Stickstoff sorgt dafür, dass Pflanzen wachsen. Bei hohem Angebot bilden sie viel Blattmasse, setzen aber weniger Blüten und Früchte an. Starke Regenfälle können Stickstoff in tiefere Bodenschichten auswaschen. Ein Mangel hat langsames Wachstum und aufgehellte Blätter zur Folge. Schon angesetzte Früchte bleiben klein oder werden abgestoßen.
- Phosphat wird für den Aufbau von Eiweißen und anderen wichtigen Stoffen gebraucht. In mit Kompost gedüngten Beeten ist es meist reichlich vorhanden, vor allem wenn auch Kleintiermist kompostiert wird. Bei sehr sauren oder kalkreichen Böden wird Phosphat festgelegt. Die Pflanzen können es dann nicht mehr aufnehmen. Sie kümmern und bilden kaum Wurzeln. Bei ausgeprägtem Mangel färben sich die Blätter rötlich.
- Kalium stärkt die Abwehrkräfte der Pflanzen, reguliert den Wasserhaushalt und sorgt bei vielen Gemüsearten für mehr Aroma. In humusreichen oder tonhaltigen Böden wird der Mineralstoff gut festgehalten und auch wieder freigesetzt. Kali-Mangel ist also ziemlich selten. Man erkennt ihn an aufgehellten Blatträndern, später werden die Ränder braun, und das Gewebe stirbt ab.
- Kalzium (Kalk) spielt eine wichtige Rolle beim Wachstum und Aufbau stabiler Zellwände. Bei den meisten Böden liefert das Gestein im Unterboden genug Kalk nach. Anhaltende Trockenheit oder ein Überangebot an Stickstoff können die Kalziumaufnahme blockieren. Stippige Äpfel oder am Blütenansatz faulende Tomaten und Zucchini sind typisch für diesen scheinbaren Mangel.

Zusätzlich benötigen Pflanzen Spurenelemente. Typische Mangelsymptome für Eisen sind gelbe Blätter mit grünen Adern. Fehlt Bor, werden Möhren und Sellerieknollen rissig. Fahlgelber Salat lässt auf Manganmangel oder einen Überschuss an anderen Mineralien schließen. Alle Nährstoffe beeinflussen sich nämlich gegenseitig und konkurrieren zum Teil um Aufnahme durch die Wurzeln. Für optimales Wachstum müssen die Nährstoffe im harmonischen Verhältnis zueinander stehen. Aufschluss über Ihre aktuellen Nährstoffgehalte gibt eine Bodenanalyse durch spezielle Labors, die auf dieser Basis eine Düngeempfehlung geben.

Düngung im Frühling

PFLANZENGRUPPE	KOMPOST-MENGE
Starkzehrer: Knollensellerie, Kopfkohl, Kürbis, Tomate, Zucchini	5–10 l/m²
Mittelzehrer: Mangold, Möhre, Rote Bete, Salat, Spinat	3–7 l/m²
Schwachzehrer: Bohne, Erbse, Kräuter, Puffbohne, Spinat, Zwiebel	2–5 l/m²

› Für ein Gemüsebeet mit 10 m² Fläche benötigt man jährlich 20–50 Liter Reifkompost. Je nach Kultur arbeiten Sie also im Frühling zwei bis fünf große Eimer ein.

› Gelbsenf und Phazelia oder Bienenfreund mit violetten Blüten sind wertvolle Nektarpflanzen und lockern mit ihrem feinen Wurzelgeflecht den Boden. Die Pflanzen beschatten die Erde und unterdrücken aufkeimendes Unkraut.

Bewährte organische Dünger

Wenn Sie Ihren Gartenboden regelmäßig mit reifem Kompost (→ Seite 32–35) versorgen und die Bodenorganismen mit Mulch und Gründüngung fördern, ist die ausgewogene Nährstoffversorgung gesichert. Den höheren Bedarf von Starkzehrern (→ Seite 37) deckt man mit Pflanzenauszügen (→ Seite 46/47) oder organischen Produkten.

- Horndünger (als Mehl, Grieß oder Späne) ist ein natürlicher Stickstofflieferant. Bio-Horndünger gibt es jedoch nicht: Alle Produkte stammen überwiegend aus Intensiv-Tierhaltung.
- Wer die »vegetarische« Alternative bevorzugt, wählt Dünger aus rein pflanzlichen Rohstoffen wie Maiskeimen, Melasse oder Rhizinusschrot. Organische Bio-Volldünger, die sämtliche Nährstoffe enthalten, sind ebenfalls empfehlenswert. Für den Topfgarten eignen sich Flüssigdünger aus Vinasse.

Wenn die eigene Kompost-Produktion erst noch anlaufen muss, können Sie auf Bio-Regenwurmhumus oder Fertigkompost aus dem Kompostwerk zurückgreifen. Achten Sie beim Kauf auf das RAL-Gütesiegel der Bundesgütegemeinschaft Kompost!

Bessere Böden dank Gründüngung

Schwere, verdichtete, ebenso leichte, wasserdurchlässige, sandige Böden verwandeln sich durch den regelmäßigen Anbau verschiedener tief wurzelnder Gründüngungspflanzen (→ Tabelle) innerhalb weniger Jahre in fruchtbare Erde. Sät man Buchweizen, Bienenfreund oder andere Arten auf abgeerntete Flächen, bleibt die Bodenfruchtbarkeit durch Gründüngung auch bei intensiver Nutzung langjährig erhalten. Obstgehölze profitieren gleichfalls von einer Bodenbedeckung durch Gründüngung, weil sie im Sommer die Erde gleichmäßig feucht hält.

Pflanzen für Gründüngung

PFLANZENART	AUSSAAT	KULTURDAUER	EIGENSCHAFTEN
Bienenfreund	III–VIII	6–9 Wochen (nicht frosthart)	rasch wachsend, violette Blüten, Bienenmagnet, nicht vor Erdbeeranbau einsäen
Buchweizen	V–VIII	4–10 Wochen (nicht winterhart)	Blitzkeimer, Bienenweide, weiß-rosa Blüten, dicht aussäen, unterdrückt Wurzelunkräuter
Gelbsenf	III–IX	6–8 Wochen (nicht winterhart)	weit verzweigtes Wurzelsystem, hinterlässt feinkrümelige Erde, nicht vor oder nach Kohl anbauen, die Sorte 'Maxi' reduziert Nematoden
Inkarnatklee	IV–V	10–12 Wochen (winterhart)	produziert viel Grünmasse, rote Blüten, starke Durchwurzelung, Stickstoffsammler
Blaue Lupine	IV–VII	12–15 Wochen (erträgt leichte Fröste)	tiefe Bodenlockerung, guter Stickstoffsammler, für Rekultivierung von Neubaugrundstücken
Samenmischungen mit Korbblütlern (z. B. Schönhagener Bienenweidemischung)	V–VI	6–8 Wochen (teilweise winterhart)	vorbeugende Wirkung gegen Wurzelälchen, für viele bunte Blüten nicht zu dicht säen
Spinat	III–IX	8–12 Wochen	intensive, oberflächliche Durchwurzelung, bei Frost mit Vlies abdecken, nicht vor Mangold und Rote Bete anbauen
Sommerwicken	IV–VIII	11–13 Wochen (nicht winterhart)	starke Unkrautunterdrückung, hohe Stickstoffanreicherung
Winterroggen	IX–X	ca. 20 Wochen (winterhart)	bildet Humus, hinterlässt gut durchlüfteten, »garen« Boden

Mit einer Gründüngung können Sie viele Bodenprobleme beheben, und meist gibt es dazu auch noch hübsche, farbenfrohe Blüten und ein überreiches Nektarangebot für allerlei Nützlinge.
Gesät wird meist breitwürfig, anschließend harkt man die Saat oberflächlich ein, drückt die Erde noch einmal gut an und hält sie gleichmäßig feucht, bis die ersten zarten Blätter erscheinen.
Wie lange die Gründüngungspflanzen auf dem Beet stehen bleiben, hängt von der jeweiligen Art ab:

- Winterharte Pflanzen wie Inkarnatklee werden im Frühjahr vor der Samenreife abgemäht und eingearbeitet. Die Bodenorganismen verwandeln die Wurzeln und Stängelreste innerhalb weniger Wochen in Humus und wertvolle Pflanzennährstoffe. In den ersten Wochen nach der Einarbeitung sind jedoch keine Aussaaten mit feinem Saatgut möglich. In Töpfen vorgezogene Gemüse, wie beispielsweise Kohlrabi, Frühkohl und Kopfsalat, können dagegen sofort gepflanzt werden.
- Abfrierende Grüneinsaaten wie Blaue Lupine oder Gelbsenf lässt man ebenfalls bis zum Frühjahr auf dem Beet. Die absterbenden Pflanzen legen sich wie ein Wintermantel auf die Erde. Im Frühjahr ist der größte Teil bereits verrottet. Vor der Neubestellung werden die Überbleibsel einfach mit der Ziehhacke abgeharkt und kompostiert.
- Mit Ringelblumen und Kapuzinerkresse begrünt man Baumscheiben im Obstgarten und lässt die zerkleinerten Pflanzen als Winterschutz liegen.

Gießen mit Gefühl

Gemüse, Obstgehölze und Blumen brauchen Wasser zum Wachsen. Der sparsame Umgang mit dem wertvollen Nass ist im Biogarten selbstverständlich. Und mit ein paar Tricks können Sie sich sogar so manchen Gang mit der Gießkanne sparen.

› Eine Regentonne lohnt sich selbst bei kleinen Dächern. Die richtige Größe lässt sich mit einem Regenwasser-Rechner (Internet) herausfinden.

Die klassische, preiswerte und ressourcenschonende Variante der Gartenbewässerung ist die Versorgung aus der Regentonne. Pflanzen vertragen Regenwasser meist besser als kalkhaltiges Leitungswasser, denn es ist weicher und wärmer. Müssen Sie zusätzlich Wasser aus der Leitung verwenden, lassen Sie dieses in geeigneten Gefäßen wie Eimern, Bottichen oder Gießkannen möglichst ein paar Tage in der Sonne stehen, damit es sich erwärmen kann.

Vorsorgen für trockene Zeiten

Was von Wegflächen und Dächern aufgefangen werden kann, reicht gerade im Sommer oft nur ein paar Tage. Gut, wenn Sie die durchschnittliche Niederschlagsmenge Ihrer Region kennen, dann lässt sich die nötige Speicherkapazität annähernd bestimmen. Inzwischen gibt es auch Behälter, die unauffällig in den Garten integriert oder in der Erde versenkt werden können. Weil es bei Starkregen oft Wasser im Überfluss gibt, ist ein Überlaufstopp nützlich, der das überschüssige Wasser automatisch ins Fallrohr leitet – oder, besser noch, in die nächste Tonne.

Wie groß ist der Wasserbedarf?

Wie viel Wasser ein Garten braucht, hängt von der Bodenbeschaffenheit und den Pflanzen ab. Gurken und andere Gemüse mit viel Blattmasse, die nur flach wurzeln, müssen bei anhaltender Trockenheit regelmäßig gegossen werden. Tiefwurzler wie der Kohl überstehen eine mehrtägige Durststrecke dagegen problemlos. Auch gut eingewurzelte Tomaten holen sich das Wasser aus mindestens 1 m Tiefe. An heißen Tagen schließen die Pflanzen die Spaltöffnungen ihrer Blätter und schränken so die Verdunstung ein. Also keine Panik, wenn Stangenbohnen nachmittags schlaff wirken: Über Nacht erholen sie sich wieder. Im Topf gezogene Feuerbohnen und andere Balkongemüse brauchen im Sommer fast täglich Wasser.

Den Wasserverlust minimieren

Wie beim Düngen kann man sich beim Gießen viel Mühe sparen, wenn man die im Boden gespeicherten Vorräte nutzt. Ein alter Gärtnerspruch sagt: »Einmal hacken spart dreimal gießen.« Häufige Bodenlockerung mit Bügelhacke oder Kultivator unterbricht das feine Röhrensystem und verhindert, dass Wasser zur Oberfläche aufsteigt und verdunstet (Kapillareffekt). Hacken ist vor allem nach starkem Regen wichtig, wenn die Erdoberfläche verkrustet.

Richtig gießen – kein Hexenwerk

Wer Wasser sparen möchte, achtet beim Gießen auf den besten Zeitpunkt und die richtige Technik.

Frühaufsteher sind im Vorteil

Erfahrene Biogärtner gießen gut eingewurzelte Pflanzen erst, wenn die Erde bis in etwa 10 cm Tiefe abgetrocknet ist. Die beste Zeit ist frühmorgens, solange die Erde kühl ist: In der Mittagshitze verdunstet mehr. Gießen Sie abends, bleibt der Boden die ganze Nacht feucht. Eine Einladung an Schnecken!

Pflanzen an Durststrecken gewöhnen

Mit folgenden Hinweisen erleichtern Sie sich die Gartenarbeit und fördern das Pflanzenwachstum:

> **PRAXISTIPP**
>
> **Gemulchter Boden** verdunstet weniger Wasser und bleibt gleichmäßig feucht. Für die Mulchschicht eignen sich unverrottete pflanzliche Materialien wie Heu, Stroh, Laub, Zweige, Rasenschnitt oder andere frische, grob gehackte oder gehäckselte Pflanzenreste sowie Reif- und Rohkompost. Mulch reduziert zudem keimende Unkräuter und wird schnell zu nährstoffreichem Humus umgewandelt.

› Normaler Gartenboden benötigt im Sommer in der Regel alle drei Tage mindestens 20 l/m². Verteilen Sie auf dieser Fläche also zweimal pro Woche ein bis zwei große Kannen.

- Gießen Sie selten, dafür aber durchdringend: Pflanzen entwickeln nur dort Wurzeln, wo es feucht genug ist. Ist lediglich die oberste Bodenschicht versorgt, machen sie sich nicht die Mühe, bis zu den Vorräten in der Tiefe vorzudringen.
- Benetzen Sie möglichst nur den Boden, nie die Blätter und Früchte, sonst droht Pilzbefall.
- Gießen Sie langsam und mit weichem Strahl, damit das Wasser nicht oberflächlich abläuft.
- Kübelpflanzen und Töpfe werden gewässert, bis sich das Wasser im Untersetzer sammelt. Dabei ist wichtig, dass Sie die Untersetzer gegebenenfalls nach ein paar Stunden entleeren, denn bei anhaltender Nässe faulen die Wurzeln.
- Bewässerungssysteme sparen Zeit und Geld. Sie sind an Regentonne oder Leitung angeschlossen und versorgen die Pflanzen tropfenweise. Perfekt z. B. für den Urlaub: Sets, die den Bedarf per Sensor ermitteln und Wasser entsprechend dosieren.

Pflanzen stärken & schützen

Um Schädlinge und Krankheiten in Schach zu halten, brauchen Sie keine chemische Keule. Durch Nistmöglichkeiten für Nützlinge, die Wahl widerstandsfähiger Pflanzen und vorbeugende Maßnahmen lassen sich die meisten Probleme umgehen.

Selbst der erfahrenste Biogärtner kann nicht verhindern, dass seine Obst- und Gemüsepflanzen auch einmal krank oder von Schädlingen befallen werden. Schließlich vermag er nicht alle Wachstumsfaktoren zu beeinflussen. Sehr wohl kann er aber dafür sorgen, dass seine Gewächse robust genug sind, den Schaderregern möglichst lange zu widerstehen. Stärken Sie Ihre Pflanzen durch eine ausgewogene Düngung, Pflanzenauszüge und die Wahl des richtigen Standorts. Die wichtigsten Schaderreger sind:

› Bienen, Hummeln und Schmetterlinge werden vom süßen Nektar der Indianernessel (*Monarda didyma*) geradezu magisch angezogen.

- Mehltau und andere Pilzerreger gehören zu den häufigsten Pflanzenkrankheiten und befallen Obst, Gemüse und Kräuter. Die Verbreitung der Sporen erfolgt durch Wind und Regen. Zum Glück gibt es inzwischen viele widerstandsfähige Sorten!
- Bakterien verursachen braune Blattadern, braun verfärbte, faule Strünke oder weiche Stellen, z. B. bei Kohl (Adernschwärze) und Möhren (Weichfäule). Die Erreger dringen durch Verletzungen in die Pflanzen ein. Weitere Ursache ist Staunässe.
- Viren werden vor allem von saugenden Insekten wie Blattläusen übertragen. Häufige Symptome sind mosaikartige Blattflecken, aufgehellte Blattadern oder gekräuselte Blattränder. Wichtig zum Schutz vor Übertragung: Reinigen Sie Scheren, mit denen Sie kranke Triebe zurückgeschnitten haben.

Die Natur als Vorbild

Mit der Natur zu arbeiten, ist die beste Voraussetzung dafür, dass Obst und Gemüse gesund bleiben.

Starke Pflanzen, reiche Ernte

Wenn Sie die Hinweise in den vorangegangenen Kapiteln über Standortwahl, Bodenvorbereitung und Düngung beachten, haben Sie schon die Basis für eine erfolgreiche Kultur gelegt. Zusätzlich können Sie zum Gesunderhalt Folgendes beitragen:

- Achten Sie besonders auf Sämlinge oder frische Setzlinge, die erst anwachsen müssen.
- Einige pflanzliche Substanzen können Zellwände festigen. Dadurch haben es Krankheitserreger schwerer, in das Gewebe einzudringen. Solche Substanzen finden sich in Brühen, Jauchen und Tees, die vom Frühling bis in den Herbst alle zwei bis drei Wochen gespritzt werden (→ Seite 46/47).

Ihre Gartenhelfer

NÜTZLINGE	HELFEN GEGEN
Schwebfliegen	Blattläuse
Ohrwurm	Läuse, Milben; Apfelwickler, Gespinstmotten und Frostspanner (Eier und Raupen)
Marienkäfer	Schildläuse, Spinnmilben, Mehltaupilze
Florfliege (Goldauge)	Blattläuse, Spinnmilben, Raupen, Kleininsekten
Schlupfwespen	Raupen, Minierfliegen, Gemüsefliegen, Blattläuse, Weiße Fliege

- Hygiene ist oberste Biogärtnerpflicht! Entfernen Sie kranke Pflanzenteile zügig. Fleckige Blätter dürfen kompostiert werden, kranke Wurzelgemüse oder Himbeerruten müssen in die Tonne.
- Halten Sie Ihre Werkzeuge, besonders die Gartenschere, sowie Saatkisten und Töpfe sauber.

Widerstandsfähige Sorten wählen

Tolerant, widerstandsfähig oder resistent? Je nach Stärke der Abwehrkraft findet man unter den Sortenbeschreibungen von Obst, Gemüse und Kräutern verschiedene Angaben zur Robustheit der Pflanzen.

- Eine tolerante Sorte ist nicht völlig immun gegen spezielle Schädlinge und Krankheiten, meist hält sich der Schaden in Grenzen: Braunfäuletolerante Tomaten z. B. überwachsen den Schaden und bilden neue Blätter, der Ertrag wird kaum beeinflusst.
- Eine als widerstandsfähig oder robust beschriebene Sorte besitzt keine genetische Resistenz oder Toleranz, es kann also zu einem geringen Krankheitsbefall kommen. Biozüchter selektieren und vermehren Pflanzen mit natürlicher, allgemein hoher Widerstandskraft gegen mehrere der häufig auftretenden Krankheiten oder Schädlinge und haben damit langfristig oft die besseren Karten.
- Eine resistente Sorte sollte völlig gesund bleiben. Erreger von Pflanzenkrankheiten, vor allem Mehltaupilze, sind jedoch ähnlich anpassungsfähig wie Grippeviren. Meist werden die nur auf wenigen Genen verankerten Resistenzen nach einiger Zeit durchbrochen. Tipp: Wenn Sie mehltauresistente Salate setzen, wechseln Sie möglichst häufig die Sorte, damit die Pilze sich nicht anpassen können. Wer sich für läuseresistenten Salat entschieden hat, sollte ausschließlich resistente Sorten pflanzen, sonst wechseln die Läuse einfach ihren Wirt.

› Ein Insektenhotel bietet Unterschlupf- und Nistgelegenheiten für Wildbienen und andere nützliche Insekten. Auch kleinere Unterkünfte werden bereitwillig angenommen.

Heißen Sie Nützlinge willkommen!

Nützlinge halten Schädlinge auf einem erträglichen Maß. Asthaufen, Trockenmauern, Nistkästen, Insektenhotels oder mit Holzwolle gefüllte ausgediente Blumentöpfe bieten Unterschlupf. Meist dauert es gar nicht lange, bis sich Eidechsen, Blindschleichen, Vögel, Ohrwürmer und andere Insekten häuslich niederlassen. Einheimische, nektar- und pollenreiche Blütenpflanzen bieten Insekten wichtige Nahrung.

Was tun gegen Schnecken?

Die vor Jahrzehnten eingeschleppte Spanische Wegschnecke richtet die größten Schäden an. Gegen die Eindringlinge hilft nur eine Kombination mehrerer Abwehrmethoden:

- Eine Salatfalle: Abends einige Blätter am Rand des Gemüsegartens auslegen, daneben ein kurzes, breites Holzbrett. Nach dem großen Fressen ziehen sich die Schnecken ins feuchte Versteck zurück und können am nächsten Morgen bequem abgesammelt werden.
- Schneckenzaun ums Gemüsebeet bauen. Im Beet gebliebene Exemplare in die Salatfalle locken.
- Bei sehr vielen Schnecken verwenden Sie ein für den Biolandbau zugelassenes Schneckenkorn auf Eisenoxidbasis. Hierbei jedoch unbedingt die Packungsanweisung beachten!
- Besonders wirksame Schneckenvertilger sind Blindschleichen. Sie können diese anlocken, indem Sie Reisig-, Laub- und Steinhaufen als Unterschlupf anbieten. Wiesenstücke möglichst spät abmähen.
- Rund um besonders gefährdete Gemüse etwa Salat, Kresse oder Gelbsenf aussäen.
- Kalk, Kaffeesatz oder Sägespäne um die Pflanzen streuen, die Schnecken besonders gerne mögen.
- Den Boden um gefährdete Pflanzen offen und trocken halten. Die Erde häufig lockern.

Der Nachwuchs von Flor- oder Schwebfliegen vernichtet ganze Kolonien von Schadinsekten. Nützlinge schaden den Pflanzen auch dann nicht, wenn sie in sehr großer Zahl auftreten. Finden Sie zu wenig Nahrung, verschwinden sie rasch.

Sperren Sie Schädlinge einfach aus!

Wer die Lebensweise der unerwünschten »Mitesser« im Küchengarten kennt, kann sie austricksen.

- Über den Gemüsebeeten ausgebreitete, engmaschige Schutznetze verwehren Möhrenfliege, Kohlweißling und Lauchmotte den Zutritt. Wichtig ist jedoch, dass Sie das Netz sofort nach der Saat oder Pflanzung über das Beet breiten und die Ränder so befestigen, dass keine Schlupflöcher bleiben.
- Kleine Obstbäume lassen sich ebenfalls mit feinmaschigen Netzen vor Amseln und Hagelschlag schützen. Sie bewahren ebenso vor Obstmaden.

So gehen Plagegeister auf den Leim

Größere Obstbäume, die schwierig mit Netzen zu versehen sind, brauchen andere Abwehrmethoden.

- Klebrige Gelbtafeln locken die Kirschfruchtfliege an und beugen Madenbefall der Früchte vor.
- Mit Raupenleim bestrichene Fanggürtel, die Sie im September fest um Stamm und Pflanzpfähle binden, fangen die Weibchen des Frostspanners ab, deren Nachkommen im Frühling sonst starke Fraßschäden in der Krone verursachen würden.
- In Wellpappemanschetten verkriechen sich im Herbst Raupen der Wicklerarten. Sie werden beim Winterschlaf einfach samt Pappe entsorgt.

Ablenken und verwirren

Schädlinge wie Kohlweißling und Lauchmotte finden ihre Wirtspflanzen und Partner über Düfte.

- Durch Mischkultur (→ Seite 61), eine Mulchschicht (→ Seite 41) oder Beetumrandung mit stark duftenden Kräutern lassen sich die Insekten verwirren und finden die Eiablageplätze nicht mehr. Wächst Kapuzinerkresse neben dem Kohlbeet, vergisst der Kohlweißling sein Ziel und bevorzugt die Kapuzinerkresse als Nahrungspflanze für den Nachwuchs.
- Männliche Falter werden durch Duftstoffe (Pheromone) der Weibchen angelockt. Apfel- und Pflaumenwicklermännchen fliegen für sie aufgehängte Pheromonfallen an, bleiben kleben und begatten so keine Weibchen. Der Nachwuchs bleibt aus.

Wenn Eingreifen gefragt ist

Bei jungen oder geschwächten Pflanzen haben Schädlinge und Krankheiten leichtes Spiel und vermehren sich schneller, als Nützlinge zur Stelle sind oder die Pflanzen Abwehrstoffe gebildet haben. In diesem Fall ist Ihre Unterstützung gefragt:

- Blattläuse an Triebspitzen anfälliger Obst- und Gemüsearten lassen sich von Hand abstreifen.
- Oft reicht es, befallene Pflanzenteile zu entfernen.
- Manche Brühen und Tees (→ Seite 46/47) helfen auch gegen saugende Insekten. Beißende Brennnesselbrühe, die wie Jauche angesetzt, aber nicht vergoren wird, hilft bei mäßigem Befall mit Blattläusen und Spinnmilben. Einen bis drei Tage nach dem Ansetzen unverdünnt spritzen.

Wenn keine sanften Mittel helfen, bleibt noch der gezielte, maßvolle Einsatz eines für den Bioanbau zugelassenen Pflanzenschutzmittels aus dem Fachhandel. Extrakte aus dem indischen Neembaum und das aus den Samen gepresste Öl können gegen Pilzbefall und tierische Schädlinge eingesetzt werden. Bei beißenden Insekten wie Kartoffelkäfern bewirkt eine Neem-Spritzung den sofortigen Fraßstopp. Das aus diversen Wild-Chrysanthemen gewonnene, natürliche Kontaktgift Pyrethrum ist im biologischen Landbau unter anderem zur Bekämpfung von Kohlweißling, Weißer Fliege und Spinnmilbe zugelassen. Aber: Beide Produkte können Nützlinge wie Raubmilben und Marienkäfer schädigen. Präparate mit bestimmten Bakterienstämmen (*Bacillus thuringiensis*) gelten als umweltverträgliche Wunderwaffe gegen Mückenlarven und Raupen mehrerer Schadschmetterlinge. Die einzelnen Protein-Varianten treffen die Schädlinge bestimmter Kulturpflanzen, um heimische Schmetterlinge, ebenso Haus- und Gartentiere, muss man sich zum Glück nicht sorgen.

› Im Frühsommer schneiden Sie von Mehltau befallene Triebspitzen am Apfelbaum mit der Gartenschere bis ins gesunde Holz zurück. Bei optimaler Kompostführung (heißer Rotte) dürfen sie kompostiert werden.

› An Gelbtafeln bleiben etliche Kirschfruchtfliegen auf der Suche nach einem Eiablageplatz kleben. Die Fallen müssen allerdings schon aufgehängt werden, bevor sich die ersten Früchte gelb färben!

Jauchen, Tees und Brühen

Die Zubereitung der verschiedenen Pflanzenauszüge unterscheidet sich nur wenig. Alle werden mit Wasser angesetzt und – meist verdünnt – gegossen bzw. gespritzt. Für eine Brühe weichen Sie das Pflanzenmaterial 24 Stunden ein. Dann aufkochen und etwa 30 Minuten köcheln lassen. Nach dem Abkühlen verwenden. Als Jauche bezeichnet man vergorene Pflanzenbrühen. Sie dienen als gehaltvolle und rasch wirkende Stickstoffdünger, liefern aber auch spezielle Nährstoffe und Spurenelemente. Tees entstehen, indem man Pflanzenteile mit kochendem Wasser überbrüht und ziehen lässt. Tee und Kräuterbrühen werden stärker verdünnt (20–50 Teile Wasser) und können als Erste-Hilfe-Maßnahme, z. B. gegen Blattläuse, direkt auf Blätter und Triebe gesprüht werden. Der Einsatz erfolgt bei bedecktem Himmel.

Was Sie dafür benötigen:

Pflanzenmaterial, z. B. Brennnesseln

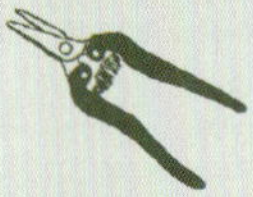

Garten- oder Kräuterschere

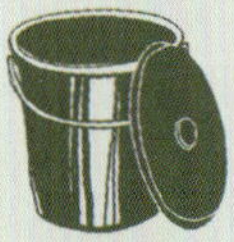

Eimer mit Deckel

Kunststoffsieb

Messbecher

Sammeln Sie Blätter und Pflanzenstängel der gewünschten Pflanzenart. Tragen Sie bei Brennnesseln oder Pflanzen mit behaarten Blättern wie Beinwell besser dicke Gartenhandschuhe.

Zerkleinern Sie das Pflanzenmaterial für alle Auszugsvarianten grob. So lösen sich die Inhaltsstoffe besser, bei Jauchen verläuft außerdem der Gärungsprozess zügiger.

Für Brennnesseljauche kommen auf 1 kg frisches (oder 150 g getrocknetes) Pflanzenmaterial genau 10 l Wasser. Zur Geruchsbindung eine Handvoll Algenkalk oder Gesteinsmehl darüberstreuen.

Die Gärung dauert etwa anderthalb bis drei Wochen. Während dieser Zeit täglich einmal umrühren. Die Jauche ist fertig, wenn sie beim Umrühren nicht mehr schäumt, dann durch ein Kunststoffsieb oder grobes Tuch abseihen. Die Pflanzenreste kommen auf den Kompost.

Welches Kraut wofür?

- Brennnesseljauche, 1:10 verdünnt und gegossen, hilft gegen Stickstoff- sowie Eisenmangel.
- Beinwell ist ein guter Kaliumlieferant. Als Flüssigdünger ideal für Tomaten, Kohl und Sellerie.
- Die Kieselsäure des Ackerschachtelhalms beugt Pilzbefall vor. Als Brühe bei sonnigem Wetter 1:5 verdünnt (z. B. 500 ml Brühe auf 2,5 l Wasser) im Abstand von zwei bis drei Wochen mehrmals spritzen.
- Mit der Gießkanne ausgebrachter Kamillenauszug (1 Handvoll auf 1 l, in lauwarmem Wasser ein bis zwei Tage ziehen lassen, 1:5 verdünnt) wirkt gegen verschiedene Wurzelkrankheiten.
- Löwenzahnjauche (2 kg frische Teile /10 l Wasser) fördert das Aroma von Strauchbeerenobst.
- Rainfarnbrühe (300 g, 10 l) vertreibt unverdünnt Ameisen, Brombeermilben und Wurzelläuse.

DER GEMÜSE GARTEN

Lust auf Gemüse

Warum eigenes Gemüse anbauen? Ganz einfach: Weil frisch geernteter Salat, am Stock gereifte Tomaten und erst kurz vor dem Abendessen gezogene Radieschen viel besser schmecken. Mit ein wenig Planung reißt der Nachschub nie ab.

Spätestens ab März haben Gemüsegärtner viel zu tun. Schließlich können schon die ersten Salate ins Beet. Kresse und Radieschen kommen mit den noch kühlen Nächten ebenfalls zurecht. Gut, wenn Sie schon früh überlegt haben, was wo wachsen soll. Wichtiger als Höchsterträge ist, dass es immer etwas zu ernten gibt! Nutzen Sie also sonnige Vorfrühlingstage zur Beetvorbereitung. Zudem sind erste Aussaaten für eigene Setzlinge (→ Seite 56/57) dran, z. B. Kohlrabi. Dafür brauchen Sie genügend helle Fensterplätze. Noch besser eignen sich gut isolierte Frühbeete oder ein kleines Gewächshaus.
Im **Frühsommer** beginnt die Zeit der Fruchtgemüse. Regelmäßig wiederkehrende kühle Wetterperioden wie die »Eisheiligen« oder die »Schafskälte« verzögern oft den Pflanztermin für Tomaten und Gurken. Eine gute Gelegenheit, vorher noch eine Gründüngung oder ein paar Reihen Spinat einzusäen. Ungeduld zahlt sich nämlich nicht aus, ganz im Gegenteil: In einem erwärmten, abgetrockneten Boden holen Pflanzen den vermeintlichen Vorsprung rasch auf.
Im **Hochsommer** ist Haupterntezeit. Zugleich kommen Herbstgemüse ins Beet, um den Nachschub zu sichern. Noch bleibt Zeit für Nachzügler, und viele Gemüse gedeihen jetzt sogar besser als im Frühling.

Mit dem **Spätsommer** oder auch Altweibersommer beginnt im Gemüsegarten eine besonders reizvolle Jahreszeit. Die große Hitze ist vorbei, die Erde duftet, und Erntelücken regen zum Nachpflanzen an. Noch ist Zeit für rasch wachsende Pflücksalate und Asia Greens. Kohl und Sellerie brauchen frische Nährstoffe. Lockern Sie verkrustete Erde weiterhin regelmäßig. Trotzdem: Sie können es jetzt ruhiger angehen und die letzten warmen Tage auch mal genießen.

PRAXISTIPP

Ein **Gartentagebuch** ist nützlich, um Aussaat-, Pflanz- und Erntetermine aufzuschreiben. Halten Sie dabei auch fest, mit welchen Sorten Sie gute oder weniger gute Erfahrungen gemacht haben. Notizen über Probleme mit Boden, Unkräutern oder Schädlingen sowie Zeitpunkt, Art und Erfolg der Gegenmaßnahmen sind oft verlässlicher als ein noch so gutes Gedächtnis.

MÄRZ

Los geht's: Pflanzen Sie Salat und ziehen Sie Tomaten & Co. im Haus vor.

APRIL

Ziehen Sie Feuerbohnen drinnen vor! Sie starten dann schneller durch.

MAI

Nach den Eisheiligen ist Pflanzzeit für wärmeliebende Fruchtgemüse.

› Nach der sorgfältigen Beetvorbereitung klappt das Pflanzen wie am Schnürchen.

Im **Herbst** dann, je nach Region bereits ab Oktober, bringen Sie alle kälteempfindlichen Gemüse in ihr Winterlager. Legen Sie Vlies oder Folie bereit, damit Sie Endivie, Mangold und andere robuste Arten in kalten Nächten abdecken können. Kältefeste Möhrensorten und Pastinaken können auch auf dem Beet überwintern. Ein warmer Mantel aus Stroh und Herbstlaub verzögert das Durchfrieren des Bodens und sorgt dafür, dass Sie auch im Winter Lauch und Zuckerhutsalat frisch vom Beet genießen können.

Auch im **Winter** gibt es einiges zu tun. Zu den Gemüsearten, die selbst längere Frostperioden ohne größeren Schaden überstehen und laufend beerntet werden, gehören Grün- und Rosenkohl. Bei Spinat und Porree gibt es gleichfalls unempfindlichere Sorten. Abgeerntete Beete sollten nur bei schwerem, tonhaltigem Boden umgegraben werden. Sandige oder lehmige Böden verbessert man durch die Einsaat einer winterharten Gründüngung (z. B. Winterroggen) oder deckt sie mit einer Mulchschicht ab.

JULI

Die ersten Tomaten sind reif! Jetzt beginnt die Haupterntezeit.

SEPTEMBER

Bis Monatsende können Sie noch Feldsalat und Winterpostelein säen.

NOVEMBER

Lagern Sie Zwiebeln an einem luftigen Ort. Kohl mag es dunkel und kühl.

FRÜHLING

Wenn die ersten Frühlingssonnenstrahlen den Boden erwärmen und die duftende Erde in der Hand krümelig zerfällt, beginnt endlich wieder die Gartensaison. Für die ersten Saaten und Setzlinge heißt es jetzt: »Ab ins Beet!«

Aller Anfang ist leicht!

Gemüsenachwuchs vorzuziehen, gehört unter all den Arbeiten, die jetzt zu vergeben sind, zu den absoluten Favoriten: Kein Familienmitglied lässt sich lange bitten, wenn es darum geht, feine Salat- und Tomatensamen aus den bunten Tüten zu schütteln.

› Die bunten Samentütchen verführen leicht dazu, zu viel auszusäen. Bedenken Sie, dass der Platz auf hellen Fensterbänken spätestens nach dem Pikieren (→ Seite 57) und in den Beeten beim Auspflanzen schnell eng wird.

Natürlich ist es bequemer, bereits vorgezogene Jungpflanzen beim Gärtner zu kaufen. Doch die eigene Anzucht bietet gleich mehrere Vorteile.

Wann die eigene Aussaat lohnt

Sie können Ihre Lieblingssorten auswählen oder solche, die gut zu den Anbaubedingungen in Ihrem Garten passen. Bei einigen Arten, z. B. Tomaten und Paprika, wäre der Anbauzeitraum bei einer Direktsaat ins Beet angesichts der wenigen Sommerwochen viel zu kurz, deshalb zieht man sie bereits im März im Haus vor. Die Vorkultur in Töpfen oder Schalen ist auch aus anderen Gründen zu überlegen:

- Feine Samen, z. B. von Sellerie, verlangen fein gesiebte Aussaaterde, sonst fallen sie zwischen den groben Krümeln hindurch und vertrocknen, bevor der Keimling Wurzeln bilden kann.
- Bei Bohnen sind im Boden lebende Bohnenkäferlarven und winzige Ackerschnecken oft schneller und fressen den Keimling ab, bevor er die Erdoberfläche erreicht. Pflanzt man sie mit kräftigem

› Ein unbeheiztes Frühbeet bietet jetzt beste Voraussetzungen für den Anbau von Salat und Frühlingszwiebeln.

› Salat- und Einlegegurken keimen an einem warmen Ort in wenigen Tagen.

Stängel aus, sind sie weniger gefährdet. Und nicht zuletzt können Sie mit vorgezogenem Kohlrabi, Mangold und Kopfsalat die Zeit, bis die Vorkultur im Beet den Platz räumt, effektiv nutzen.

Vom Einsteiger zum Profi

Für Ihren Einstieg in die eigene Anzucht von Gemüse gibt es Arten, die rasch Erfolg versprechen. Kopf- und Pflücksalate, Gurken, Basilikum, Tomaten, Kürbis, Stangen- und Feuerbohnen sind leicht zum Keimen zu bewegen. Trauen Sie sich ruhig auch an etwas kniffligere Arten heran wie Lauch, Petersilie oder Sellerie. Wer sie in der Küche schätzt, eignet sich schnell das nötige Know-how an.

PRAXISTIPP

Luftfeuchte Lagerung und Temperaturschwankungen vermindern die Keimrate von Gemüsesamen. Kleine Einmachgläser mit luftdicht schließendem Schraubdeckel sind optimal zum Aufbewahren angebrochener Samenpäckchen (ideale Lagertemperatur: 2–10 °C). So bleiben viele Samen zwei bis vier Jahre keimfähig. Saatgut von Pastinake, Lauch und Schwarzwurzel jährlich neu kaufen.

Guter Start mit gutem Saatgut

Biogärtnern fängt beim Saatgut an. Neben dem Altbewährten bieten Ökozüchter viele neue Sorten an. So oder so: Auf den bunten Tüten zeigen kleine Symbole, ob die Aussaat im Haus mit warmer Vorkultur empfohlen wird bzw. ab wann man sie direkt ins Beet säen kann. Dort stehen u. a. Angaben zu Saattermin, Reihen- und Pflanzabstand, Saattiefe (→ Seite 56) sowie das Haltbarkeitsdatum.

Machen Sie bei älterem oder gar selbst gesammeltem (→ Seite 105) Saatgut den Keimtest: Gehen mehr als zehn von zwanzig Körnern innerhalb der normalen Keimdauer auf, lohnt sich die Kultur damit noch. Bei feinem Saatgut sollten Sie die Probe mit der doppelten Anzahl Samen durchführen.

Die passende Sorte für jeden Zweck

Bei Salat, Knollenfenchel, Kohlrabi und noch anderen Arten können Sie zwischen Züchtungen für den frühen, mittelfrühen und späten Anbau wählen. Sie passen zu den jeweils herrschenden Bedingungen. So werden Sommersorten z. B. durch kurze Tage und kühle Temperaturen zur Blüte angeregt, frühe Sorten »schießen« bei Tageslängen über 10 Stunden. Zudem gibt es weniger lichtbedürftige Sorten für den Anbau »unter Glas«, also im Frühbeet oder Gewächshaus.

So gelingt die Aussaat

Für eine erfolgreiche Vorkultur im Haus sind helle Fensterbänke mit Zimmertemperatur nötig. So wachsen die Pflanzen kompakt und zügig. Die Aussaat erfolgt in flachen Saatschalen, kleinen Töpfen oder torffreien Anzuchttöpfen. Wer mag, kann dafür auch saubere Quarkbecher, Eierkartons oder Ähnliches verwenden. Biogärtner legen großen Wert auf Recycling. Die Verwendung torffreier Anzuchterde ist Ehrensache. Bei der Vorkultur in Schalen sät man dichter als im Freiland. Sobald die Sämlinge nach den Keimblättern erste Laubblätter entwickeln, pikiert man die kräftigsten in kleine Töpfe (→ Kasten), damit sie Platz zum Weiterwachsen haben. Vor dem Auspflanzen ins Beet härten Sie die Pflänzchen ab: Hierzu an mehreren Tagen hintereinander für ein paar Stunden im Freien in den Schatten stellen.

Was Sie dafür benötigen:

Töpfe und Schalen

Anzuchterde

Erdsieb

Ballbrause

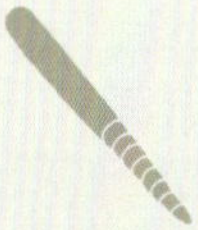

Pikierstab oder dünnes Pflanzholz

1

Füllen Sie die Saatgefäße mit Anzuchterde, die Sie z. B. mit einem Brett andrücken. Verteilen Sie die Samen gleichmäßig. Bei verschiedenen Arten oder Sorten säen Sie besser in Reihen.

2

Bestreuen Sie die Samen 0,5–1 cm hoch mit Erde, evtl. mit einem Sieb. Salat- und Selleriesamen brauchen Licht zum Keimen, also bedeckt man sie nur hauchdünn oder drückt sie gut an, um sie beim Angießen nicht wegzuschwemmen.

Feuchten Sie die Erde mit einer Ballbrause oder einer Sprühflasche gut an. Stellen Sie die Saatschale an einen warmen Platz und halten Sie das Substrat feucht, bis die Samen gekeimt sind. Tipp: Decken Sie die Schalen bzw. Töpfe mit Frischhaltefolie oder einer Glasscheibe ab. Das schützt vor Verdunstung und somit vor der Austrocknung der Erdoberfläche.

Größere Samen, wie die von Gurken und Zucchini, können Sie ca. 2–3 cm tief direkt in Töpfchen drücken. Das erspart das Pikieren. Verrottbare Anzuchtgefäße setzen Sie später mit ins Beet. Die Pflanzen werden dadurch in ihrer Entwicklung nicht gestört und wachsen zügig weiter.

Richtig pikieren

Pikieren nennt man das **Umpflanzen** der kräftigsten Sämlinge aus der Saatschale in kleine Töpfe. Der beste Zeitpunkt: Sobald nach den Keimblättern die ersten »echten« Blätter (Laubblätter) erscheinen. Lockern Sie die Wurzeln mit einem Pikierstab oder Bleistift. Bohren Sie ein Loch in die Topferde und hängen Sie die Wurzeln hinein. Erde um den Stängelansatz behutsam andrücken. Substrat befeuchten und die Sämlinge an einem hellen Platz bis zum Auspflanzen in drei, vier Wochen weiterkultivieren.

Anbau unter Vlies und Folie

Für Selbstversorger lohnt sich die Anschaffung eines Kleingewächshauses, in kleineren Gärten reicht ein Frühbeet. Preiswerter und flexibler sind Vlies und Folie. So verlängern Sie mit wenig Aufwand die Anbauzeit im Frühling und Herbst um gut zwei Wochen.

› Bei Möhren, Spinat, Kohl und anderen Gemüsearten sollten Sie Vlies und Folie abnehmen, sobald die Temperaturen über 22 °C ansteigen.

Vom Frühsommer bis in den späten Herbst beschert der Gemüsegarten alles, was das Herz begehrt. Wer bereits im zeitigen Frühling und am besten noch bis in den Winter frische Vitamine ernten will, schützt junge Setzlinge oder empfindliche Gemüse mit Vlies oder Folie. Deutlich tiefer in die Tasche greifen muss man für ein Frühbeet oder Kleingewächshaus.

Warm verhüllt und gut bedacht

Der Gewächshauseffekt macht es möglich: Durchsichtige Materialien lassen das aufheizende Sonnenlicht herein, halten jedoch die Wärme drinnen.

Warme Decken aus Gärtnervlies und -folie

Gärtnervlies und -folie gehören zur Grundausstattung eines Gemüsegartens. Für Beete mit 1,20 m Breite sollten sie mindestens 2,10 m messen, damit die Abdeckung möglichst locker auf den Pflanzen aufliegt und »mitwachsen« kann. Die Seitenkanten beschweren Sie mit Steinen oder etwas Erde.

- Gartenvlies aus fein verwebten, verwitterungsfesten Acrylfasern lässt Luft und Wasser durch. Darunter sind Radieschen, Salat, Möhren und Kohlarten bis –7 °C Außentemperatur vor Frost geschützt. Ebenso gut eignet es sich bei Hitze zum Schattieren. Tipp: Um die Lichtdurchlässigkeit zu erhalten, verschmutztes Vlies in der Maschine oder von Hand bei ca. 30 °C mit wenig Waschmittel reinigen. Markenvlies hält drei bis fünf Jahre, billige lösen sich oft schon im zweiten Jahr auf.
- Als umweltbewusster Biogärtner wählen Sie für die Abdeckung von Gemüse UV-beständige Mehrjahresfolien mit Löchern oder Schlitzen für den Luft- bzw. Wasseraustausch. Normale Folien werden durch Sonnenlicht, Frost und Hitze rasch brüchig

› Ein Tunnel aus Folie, Vlies oder einem feinmaschigen Gemüseschutznetz ist überall einsetzbar, bietet Schutz vor Wind und Wetter und hält Schädlinge fern. Anders als Vlies reißen Netze nicht so leicht ein.

und halten oft nur eine Saison. Durch den geringeren Luftaustausch erwärmt sich der Boden im Vergleich zu Vlies schneller. Doch ab 22 °C Außentemperatur kann es über 30 °C heiß werden, was Pflanzen welken lässt. Feuchtes Wetter und starke Temperaturschwankungen begünstigen die Kondenswasserbildung und die Entwicklung von Fäulnispilzen. Dagegen hilft regelmäßiges Lüften.

Gemüsebeet unterm Tunnel

Vlies und Folie können Sie auch über in die Erde gesteckte Drahtbügel spannen. Das ist zwar etwas teurer und aufwendiger, als die Bahnen direkt auf die Kulturen aufzulegen. Doch durch den größeren Raum und die Lüftungsmöglichkeiten verbessern Sie die Wachstumsbedingungen der Gemüse um einiges. Graben Sie Vlies bzw. Folie an den Seiten gut in den Erdboden ein, damit der Tunnel Halt hat. Die Enden befestigen Sie spitz zulaufend an Pflöcken.

Garten-Klassiker: das Frühbeet

Ein Frühbeet ist ein Gewächshaus im Miniformat, nämlich ein mit Glas oder Kunststoffplatten bedeckter Kasten. Es kostet nicht viel. Mit etwas handwerklichem Geschick bauen Sie es sogar selbst (Anleitungen im Internet). Bereits ab Februar gedeihen darin Salat-, Kohlrabi- und Radieschensaaten sowie die ersten Jungpflanzen für das Freiland. Im Herbst sind darin Endivie, Winterpostelein und andere nicht ausreichend frostharte Gemüse gut aufgehoben. Automatische Fensterheber übernehmen das Öffnen, wenn es bei Sonne zu warm wird. Gegen zu hohe Luftfeuchtigkeit und Kondenswasser bei mildem Wetter hilft ebenfalls nur regelmäßiges Lüften.

Dauerernte im Kleingewächshaus

Ein Gewächshaus, das gerade eben frostfrei bleibt, versorgt fast das ganze Jahr über mit selbst gezogenem Gemüse und Kräutern. Wenn Sie das Haus hauptsächlich für die Vorkultur nutzen und im Sommer darin Gurken und Tomaten ziehen möchten, reicht eine Grundfläche von 3–8 m². Wer eine vierköpfige Familie ohne größere Unterbrechung mit selbst angebautem Gemüse versorgen und dazu noch Kräuter wie Strauchbasilikum oder Fruchtsalbei überwintern möchte, benötigt mindestens 10–12 m².

Bunt gemischte Sätze

Die Grundregel der Anbauplanung ist leicht zu merken: Je öfter die verschiedenen Gemüsearten ihren Platz wechseln, umso effektiver beugen Sie einem Befall mit Schädlingen und Krankheiten vor – und in der Küche ist stets für Abwechslung gesorgt.

› Bei Mischkultur nutzt man den Platz zwischen langsam wachsendem Kohl und Sellerie für eine Zwischenkultur mit Salat oder Spinat. Bis Kohl und Sellerie ihren Raum beanspruchen, sind die Blattgemüse längst abgeerntet.

Zugegeben: Fruchtfolge und Mischkultur unter einen Hut zu bringen, kann ganz schön kniffelig sein. Darum der Grundsatz: Erstellen Sie Ihre Beetpläne mit Gelassenheit. Ein paar Regelverstöße wirken sich meist weit weniger schlimm aus, als befürchtet.

Beetplanung – das Gärtnerpuzzle

Fruchtfolge und Mischkultur sind die Basis eines gelungenen Anbauplans. Das gilt besonders im Bioanbau: Damit beugen Sie Krankheits- und Schädlingsbefall vor und schaffen beste Voraussetzungen für gutes Wachstum und eine reiche Ernte.

Fruchtfolge: Gemüse wechseln die Beete

Fruchtfolge bezeichnet den jährlichen Wechsel der verschiedenen Gemüsearten von Beet zu Beet. Pflanzen der gleichen Familie sollten nur alle zwei, drei oder sogar nur alle vier Jahre am selben Platz stehen (Anbauabstand). Der Grund: Oft sind sie mit sich selbst unverträglich. Außerdem können sich im Boden überdauernde Wurzelälchen, Pilze oder andere

Vier Beispiele für Beetplanung zum Nachpflanzen

Die Beete mit biologisch-dynamischer Fruchtfolge in Mischkultur werden nach der Hauptkultur benannt. Rücken Sie die Gemüse jedes Jahr ein Beet weiter. Nach 4 Jahren beginnt man wieder von vorn.

› **Beet 1: Fruchtgemüse**
Ab April: Kopfsalat, Radieschen; am Rand Bohnenkraut, Petersilie. Ab Mai: Zucchini, Buschbohnen, Gurken.

› **Beet 2: Blattgemüse**
Ab März/April: Spinat, Erbsen; am Rand Ringelblumen und/oder Petersilie. Mai: Brokkoli, Fenchel, Mangold.

› **Beet 3: Wurzelgemüse**
Ab Mitte März: Schnittsalat, Frühlingszwiebeln. Ab April: Möhren, Dill, Zwiebeln, Tagetes. Ab Mai: Rote Bete, Sellerie.

› **Beet 4: Blütenpflanzen**
April: Erdbeeren setzen (für 1–2 Jahre), dazwischen Kamille; am Rand Borretsch säen und Schnittlauch pflanzen.

auf die Pflanzenfamilie spezialisierte Schaderreger beim Nachbau immer stärker ausbreiten.
Achten Sie dabei vor allem auf Kreuzblütler! Diese Familie umfasst besonders viele Gemüsearten, z. B. Kohl, Rucola und Rettich. Ausnahmslos alle können Kohlhernie (→ Klappen) verbreiten. Auch unter den Doldenblütlern finden sich beliebte Nutzpflanzen wie Möhre, Sellerie, Petersilie und Kümmel.
Im biologisch-dynamischen Anbau wechselt man zusätzlich zwischen Blatt- (Salat, Spinat), Blüten- (Blumenkohl, Brokkoli), Frucht- (Tomate, Gurke) und Wurzelgemüse (Rettich, Möhre) ab. Bezieht man noch die Nährstoffansprüche (→ Seite 37) der einzelnen Arten ein, ist die Fruchtfolgeplanung perfekt.
Tipp: Die Aufteilung in kleine Beete oder Parzellen und das Weiterwandern der Gemüse im festen Rhythmus vereinfachen die Planung erheblich.

Vielfalt auf einem Beet: Mischkultur

Die Mischkultur verfolgt eine andere Strategie. Dabei tauschen Salat, Kohl, Möhren und Zwiebeln, aber auch Kräuter und Sommerblumen reihenweise und auch innerhalb einer Reihe möglichst oft ihre Plätze und verhindern dadurch, dass sich auf bestimmte Pflanzenarten spezialisierte Schädlinge und Krankheitserreger schnell ausbreiten können. Zudem geht man davon aus, dass sich Pflanzen durch Wurzelausscheidungen und ätherische Öle gegenseitig in ihrem Wachstum fördern oder schaden. Zum Glück gibt es nur wenige Kombinationen, die sich gar nicht vertragen. Packen Sie nicht zu viel auf ein Beet: Müssen Pflanzen um Nährstoffe, Licht, Wasser und Wurzelraum konkurrieren, fällt die Ernte geringer aus.

Setzen Sie auf satzweisen Anbau!

Bei gestaffelter Aussaat reifen nicht alle Gemüse zur gleichen Zeit. Damit vermindern Sie den Ernteüberschuss und haben von den einzelnen Arten länger etwas für die Küche. Diese Strategie lohnt sich bei Salat und Radieschen, aber auch bei Buschbohnen. Säen oder pflanzen Sie alle zwei bis vier Wochen nur so viel, wie Sie in diesem Zeitraum verbrauchen.

Säen und pflanzen

Die Aussaat direkt ins Beet ist die einfachste Methode, schnell an leckeres Gemüse zu kommen. Im Frühling stehen Salat, Radieschen, Erbsen, Möhren auf der Wunschliste ganz oben. Wenn Sie dazu ein paar Kohlrabi pflanzen, gibt es schon bald Ernte satt!

› Mit vorgezogenen Jungpflanzen beginnt der Start in die Gartensaison bereits im März.

Der Anbauplan (→ Seite 60/61) ist gut überlegt, die Beete sind vorbereitet (→ Seite 22–25) – wenn jetzt noch die Bodentemperatur passt, können Sie das geplante Gemüse ins Freie säen bzw. pflanzen.

- Erbsen, Rettiche und Möhren keimen bei relativ niedrigen Temperaturen und werden daher bereits ab März gesät. Je wärmer der Boden, desto schneller die Reife, weil die Sämlinge dann gut wachsen und Nässe, Trockenheit und sämlingstypischen Pilzerkrankungen trotzen können.
- Gemüsearten wie Salat, Radieschen, Rosenkohl und Spinat keimen am besten bei angenehmen Frühlingstemperaturen von 18–21 °C, etwa ab April, gegebenenfalls unter Folie.
- Auch Arten, die als Jungpflanze das Umsetzen ins Beet nur schlecht vertragen, säen Sie direkt ins Beet, z. B. Fenchel ab April.
- Das Wärmebedürfnis der aus südlichen Ländern stammenden Arten wie Tomate, Paprika, Aubergine und Basilikum ist um einige Grade höher. Hier lohnt sich die Vorkultur (→ Seite 54/55).

Aussaat direkt ins Freiland

Für alle Aussaattechniken gilt: Säen Sie so dünn wie möglich, damit Sie später nicht allzu viel ausdünnen, also auf den passenden Pflanzabstand (→ Porträts) vereinzeln müssen. Darunter versteht man den Abstand zwischen zwei Pflanzen in einer Reihe. Nötigenfalls erledigen Sie das, sobald Sie die Pflänzchen gut fassen können. Stellen Sie sich dabei vor, wie viel Platz die ausgereiften Pflanzen später brauchen.

- **Einzelaussaat,** also die Ablage einzelner Körner, erfolgt für große Samen, beispielsweise die von Stangenbohnen. Stecken Sie in diesem Fall rund um eine Stange jeweils 8–12 Kerne.

- **Horstsaat** (Intervallsaat) wird vor allem bei Buschbohnen praktiziert. Hierfür legen Sie je 3–5 Samen als Gruppe ab. Nach einer Lücke folgt wieder ein Samengrüppchen, bis zum Ende der Reihe.
- Die **Aussaat in Reihen** entlang einer Schnur eignet sich für feine Samen sowie für Arten, die nur zögernd keimen, wie Petersilie, Möhren und Lauch. Wie groß die Abstände zwischen den Reihen sein sollten, ist von den Arten abhängig (→ Porträts).
- Bei **breitwürfiger Aussaat** verteilt man die Samen gleichmäßig auf einer unkrautfreien Fläche. Sie kommt für Schnittsalat, Feldsalat und einjährige Kräuter wie Kerbel infrage, da man sie nicht oder kaum ausdünnt. Nach der Saat harken Sie das Beet kreuz und quer durch. Die Erde mit der Rückseite des Rechens andrücken. Gießen Sie vorsichtig an, sodass die Samen nicht weggeschwemmt werden.

Wer Platz sparen muss oder Sämlingen den Start erleichtern will, sät in ein Anzuchtbeet mit humusreicher, feinkrümeliger Erde. So können Sie auch Zeit überbrücken, wenn sich auf einem Ihrer Beete die Ernte verzögert und sonst kein Platz frei ist.

› Bei der Horstsaat legen Sie Bohnen oder Erbsen in kleinen Gruppen von 3–5 Samen in die Saatrille.

Einzug der Jungpflanzen

Vorgezogene Kräuter- und Gemüsejungpflanzen verkraften den Umzug ins Beet oder in die Pflanzkübel auf dem Balkon oder der Terrasse besser, wenn sie zuvor einige Tage unter Freilandbedingungen abgehärtet wurden (→ Seite 56). Idealerweise pflanzt man bei bewölktem Himmel oder am frühen Abend.

ALLES BIO

Viele **Biogärtner** arbeiten nach den Aussaattagen von Maria Thun oder den Berechnungen des anthroposophischen Instituts »Goetheanum«. Die Einteilung in Blüten-, Blatt-, Frucht- und Wurzeltage beruht auf dem Einfluss der Sternbilder. Wer sich darauf einlässt, begreift die Natur in anderen Zusammenhängen und profitiert von einem natürlicheren Lebensrhythmus.

An sonnigen Tagen verdunsten die Pflänzchen sehr viel Wasser und brauchen lange, um sich zu erholen. Vor der Pflanzung lösen Sie die Wurzelballen der Jungpflanzen behutsam aus den Töpfen. Das klappt am besten, wenn Sie die Erde vorher gut anfeuchten. Ist der Wurzelballen zu trocken, fällt er nur allzu leicht auseinander, und die feinen Würzelchen werden beim Setzen gedrückt oder gar geknickt. Das passiert leider auch, wenn die Pflänzchen noch nicht lange genug im Topf standen und den Erdballen nicht ausreichend durchwurzeln konnten.

Gepflanzt wird entlang einer Schnur oder in Reihen in mit einem Stab gezogenen Rillen. Setzen Sie die Pflanzen am besten im platzsparenden Verband. Dabei stehen die Nachbarn der Folgereihe immer versetzt auf Lücke. Salate können Sie dichter als üblich pflanzen und einen Teil jung ernten, das schafft Platz für auf dem Beet verbleibende Köpfe.

Säen und pflanzen im Freiland

Markieren Sie die Saat- und Pflanzreihen in den Beeten mit einer gespannten Schnur. Im Frühling sät man eher flach und drückt die Samen dafür fester in die Saatrillen. Steigt die Sonne höher und die Erdoberfläche trocknet aus oder verkrustet tagsüber, ziehen Sie die Rillen etwas tiefer, damit das Saatgut in den noch feuchten Zonen liegt. Bei kühlem Frühlingswetter pflanzt man um die Mittagszeit, im Sommer bietet sich der Abend an. Beschatten Sie das frisch angesäte Beet ein bis zwei Tage mit Vlies.

Was Sie dafür benötigen:

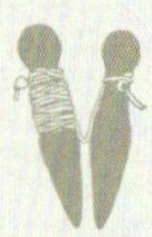

Pflöcke mit Pflanzschnur

Pflanzenkelle

Gießkanne

Vlies

Die Aussaat entlang einer straff gespannten Pflanzschnur sorgt dafür, dass kein Samenkorn aus der Reihe tanzt. Anschließend mit Erde abdecken und andrücken.

Wenn es mal schnell gehen soll, erleichtern Saatbänder die Aussaat. Das Band abrollen, in 1–2 cm tiefe Saatrillen auslegen, angießen, mit Erde bedecken und nochmals befeuchten. Bis die ersten Keimlinge aus dem Boden kommen, müssen Saatbänder und -platten täglich kontrolliert und regelmäßig gegossen werden. Trocknen die Papierstreifen aus, vertrocknen auch die keimenden Samen!

Die Pflanzhöhe hängt von den einzelnen Arten ab. Salat möchte, ebenso wie Kohlrabi, »im Wind flattern«, also etwas erhöht stehen. Der Wurzelballen sollte gerade eben mit Erde bedeckt sein. Zu tief gepflanzte Salate bilden nur lockere Köpfe oder faulen leicht. Zu tief gepflanzte Kohlrabi wiederum entwickeln nur längliche Knollen.

Nach der Pflanzung gießt man die Setzlinge mit einem weichen Wasserstrahl aus der Kanne an und schwemmt die Erde dabei behutsam an die Wurzeln bzw. den Topfballen. Dann erst wieder gießen, wenn sich die Setzlinge aufgerichtet haben und weiterwachsen.

Gut gegen kalte Nächte und Schädlinge: Decken Sie das Beet nach der Pflanzung bzw. Aussaat mit einem Vlies oder Gemüsenetz ab. Sichern Sie die Ränder mit Erde oder Steinen. So kann der Wind die Abdeckung nicht wegwehen, außerdem finden Läuse oder Gemüsefliegen so kein Schlupfloch.

Frühlingsgemüse

Der erste Salat aus dem eigenen Beet wird jetzt ungeduldig erwartet. Die robusten Frühlingsgemüse wachsen bei fast jedem Wetter, und beim Anbau von Salat, Spinat, Mangold und Mairüben kann man kaum etwas falsch machen.

› Eichblattsalat 'Bijella'

Kopf-, Schnitt- und Pflücksalat

Lactuca sativa ☼

Lichtkeimer | Reihenabstand: 25–30 cm

Nährstoffbedarf: gering bis mittel
Familie: Korbblütler, Anbauabstand 1–2 Jahre
Boden: leicht sandig, lehmig, humusreich
Aussaat: Vorkultur ab Februar, Direktsaat ins Freiland ab Anfang April
Pflanzung: ab Ende März unter Vlies
Kulturdauer: 12–20 Wochen ab Aussaat, 6–9 Wochen ab Pflanzung

Zarte Blätter, knackige Rippen und ein nussig-mildes Aroma bieten nur ganz frisch geerntete Gartensalate. Mit etwas Planung reifen die ersten Köpfe im Frühbeet schon Ende März, im Beet ab April.

Kopfsalat zeichnet sich durch weiche, aromatische Blätter aus. Frühe Freilandsorten wie 'Maikönig' werden zu Recht »Butterkopfsalat« genannt. Neuere Sorten wurden lange Zeit auf Widerstandsfähigkeit gegen Mehltau und Transportfähigkeit gezüchtet – das Ergebnis waren »Allwetter-Salate« mit derben Blättern. Das hat sich geändert. Biozüchtungen überzeugen mit nussigem Aroma und zartem Biss.

Pflücksalate wie Eichblatt- oder Kraussalat entwickeln nur lockere Rosetten mit roten oder grünen Blättern. Diese können über ca. 6 Wochen beerntet werden. Man pflückt immer die äußeren Blätter.

Schnittsalat wächst besonders rasch. Die Blätter werden geschnitten, sobald sie knapp handhoch sind. Zwar wachsen sie nach, da neu ausgesäter Salat in derselben Zeit jedoch ebenso viele, aber zartere Blätter liefert, lohnt sich der zweite Schnitt kaum.

ANBAU/PFLEGE: Salate für den frühen Anbau an einem hellen, höchstens 18 °C warmen Ort vorziehen, bei wärmerer Vorkultur keimen die Samen gar nicht oder nur zögernd. Da Salate zu den Lichtkeimern gehören, bedeckt man die Samen nur dünn mit feinkrümeliger Erde. Setzlinge für frühe Pflanztermine gibt es ab März zu kaufen, die Jungpflanzen für Folgesätze können Sie in Töpfen oder im Balkonkasten vorziehen. Ab Anfang April können Sie direkt ins Beet säen. Frühsorten bilden kleinere Köpfe, deshalb reicht es, wenn Sie die Pflanzen auf einen Abstand von 25 cm vereinzeln. Sommersalate brauchen etwas mehr Platz. Wer bis zum Herbst laufend Salat ernten will, sät immer dann neu aus, wenn die Sämlinge der vorheri-

☼ sonnig ◐ halbschattig (mindestens 6 Std. Sonne am Tag)

› Spargelsalat 'Roter Stern' wird wie Pflücksalat genutzt.

› Im März beginnt die Pflanzzeit.

gen Saat die ersten Laubblätter bilden. Eine Kompostgabe bei der Beetvorbereitung reicht als Startdüngung aus, zur Deckung des hohen Kalibedarfs geben Sie alle 14 Tage etwas Beinwelljauche ins Gießwasser.
AUF DEM BALKON: In einen Standard-Balkonkasten (80 × 17,5 cm) passen vier Pflücksalat oder mehrere Reihen Schnittsalat. Fertige Gemüseerde unbedingt mit etwas Sand »abmagern«, ist das Nährstoffangebot zu hoch, droht Blattlausbefall!
SCHÄDLINGE UND KRANKHEITEN: Blatt- und Wurzelläuse, Drahtwürmer, Falscher Mehltau (Pilz)
BEETPARTNER: Fast alle Gartengemüse. Ungünstig sind Petersilie und Schnittsellerie.
GUTE SORTEN: **Frühsorten** Kopfsalat 'Maikönig', Schnittsalat 'Krauser Gelber', Pflücksalat 'Bijella': auch Herbstanbau, 'Till': Folgesaaten bis zum Herbst; **Sommersorten** bunte Schnittsalatmischungen, Kopfsalat 'Wunder von Stuttgart', Eissalat 'Saladin', Pflücksalat 'Red Salad Bowl'; **Sorten für die gesamte Freilandsaison** Pflücksalat 'Maravilla de Verano', 'Amerikanischer Brauner': Schnitt- und Pflücksalat, Spargelsalat 'Roter Stern': Pflück- und Kopfsalat
ERNTE UND VERWENDUNG: Salate am besten am Vormittag oder frühen Abend schneiden, solange die Blätter noch kühl sind. Nur eine Handvoll Blätter liefert ein Viertel des Tagesbedarfs an Folsäure.

Mangold

Beta vulgaris subsp. *vulgaris*

Saattiefe: 2–3 cm | Reihenabstand: 30–40 cm

Nährstoffbedarf: **mittel**
Familie: **Gänsefußgewächse, Anbauabstand 3 Jahre**
Boden: **feinkrümelig, gut abgesetzte Erde**
Aussaat: **Vorkultur ab März, Direktsaat ab Anfang März (unter Vlies) bis Ende April und ab August bis Mitte September**
Pflanzung: **April bis Mai, Pflanzabstand 30 cm**
Kulturdauer: **6–8 Wochen (Blattmangold), mindestens 12 Wochen (Stielmangold)**

Beim Mangold unterscheidet man zwei Formen: Die grünen Blattteile und zarten Stängel des Blattmangolds schmecken mild und leicht süßlich, die nussigen, mehrere Zentimeter dicken Blattrippen des Stielmangolds zergehen nach sanftem Garen auf der Zunge. Buntstielige Auslesen sind eine echte Attraktion in Pflanzkübeln und im Gemüsebeet.

ANBAU/PFLEGE: Mangold ist ideal, wenn man nur einmal säen und über viele Wochen ernten möchte. Anders als Spinat bildet er erst im zweiten Anbaujahr

Blüten, nur sehr frühe Märzsaaten neigen zum Schießen und schieben vorzeitig Blütenstängel. Warten Sie deshalb mit der Aussaat bis April oder ziehen Sie die Pflanzen in kleinen Töpfen mit 8–10 cm Durchmesser vor. Wichtig: Die Jungpflanzen ins Beet setzen, sobald sie 2–3 Laubblätter entwickelt haben. Sobald sich nach der Aussaat im Beet starke von schwachen Pflanzen unterscheiden lassen, die Reihen ausdünnen und nur die kräftigsten Sämlinge stehen lassen.

AUF DEM BALKON: Buntstielige Mangoldsorten wirken in Gruppen in großen Kübeln oder »solo« in Einzeltöpfen. Hübsch: Kombination mit Sommerblumen, z. B. Ringelblumen oder Kapuzinerkresse.

SCHÄDLINGE UND KRANKHEITEN: Pilzbefall durch Falschen Mehltau, Rübenminierfliege

BEETPARTNER: Kohlrabi, Porree, Salat, Sellerie

GUTE SORTEN: **Blattmangold** 'Grüner Schnitt': dunkelgrüne Blätter, 'Lukullus': hellgrünes, krauses Blatt, 'Bright Lights': buntstielig, bunt geäderte Blätter, 'Feurio': leuchtend rote Stiele und Blattrippen; **Stielmangold** 'Glatter Silber': breite, silberweiße Blattrippen, dunkelgrüne Blätter

ERNTE UND VERWENDUNG: Pflückt man jeweils die äußeren Stängel und verschont das Herz der Pflanzen, kann man von Mai bis Oktober laufend ernten. Etwas dichter gesäte Pflänzchen können wie Schnittsalat verwendet werden. Dabei alle 20–40 cm je eine kräftige Pflanze für die weitere Ernte stehen lassen. Diese werden nach dem Ausdünnen immer kräftiger und liefern viele Wochen aromatische Blätter und zarte Stiele.

› Blattmangold 'Feurio'

› Blattmangold 'Bright Lights'

☀ sonnig ◐ halbschattig (mindestens 6 Std. Sonne am Tag)

› Zarter Frühlingsspinat

› Rotstieliger Spinat 'Red Cardinal'

Spinat

Spinacia oleracea ☼ ◑

Saattiefe: 3–4 cm | Reihenabstand: 15–30 cm

Nährstoffbedarf: **mittel**
Familie: **Gänsefußgewächse, Anbauabstand 3 Jahre**
Boden: **feinkrümelig; gut abgesetzte Erde**
Aussaat: **ab Anfang März unter Vlies bis Ende April, August bis Mitte September**
Kulturdauer: **6–8 Wochen oder länger**

Spinat gehört zu den wenigen Gemüsearten, von denen keine Wildart bekannt ist. Vermutlich gelangte er über Spanien nach Mitteleuropa und verdrängte vor gut 400 Jahren die bis dahin genutzte Gartenmelde. Frühjahrsspinat hat hellgrüne, milde Blätter und schmeckt auch als Salat. Für die Herbsternte gibt es kältefeste Sorten mit robusteren Blättern.

ANBAU/PFLEGE: Wegen der kräftigen Pfahlwurzeln gedeiht Spinat am besten auf tiefgründigen, humusreichen Lehmböden. Wichtig sind die jahreszeitlich abgestimmte Sortenwahl, da Spinat im Sommer schießt, und ein feinkrümeliges Saatbett. Für die Ernte als Blattsalat genügt ein Abstand von 15 cm zwischen und 5 cm in der Reihe; sollen die Pflanzen länger auf dem Beet bleiben, brauchen sie doppelt so viel Platz. Die Saatreihen nach dem Abdecken mit Erde mithilfe eines Bretts gut andrücken und mit sanftem Wasserstrahl anfeuchten! Da Spinat bei Trockenheit vorzeitig Blüten und nur noch kleine, bittere Blätter bildet, den Boden möglichst gleichmäßig feucht halten.
AUF DEM BALKON: In tieferen Kästen lohnen sich raschwüchsige Sorten, wie beispielsweise 'Tarpy', für die Ernte als Baby-Leaf.
SCHÄDLINGE UND KRANKHEITEN: Rübenfliege, Pilzbefall durch Falschen Mehltau
BEETPARTNER: alle Gemüse außer Mangold (gleiche Familie) und Rote Bete (Fuchsschwanzgewächs)
GUTE SORTEN: **Frühsorte** 'Red Cardinal', 'Erste Ernte'; **Frühjahrs- und Herbstsorten** 'Butterfly', 'Matador' und 'Monopa'; **Spätsorte** 'Winterriesen/Verdil': auch zur Überwinterung geeignet
ERNTE UND VERWENDUNG: Junge Blätter als vitaminreiche Rohkost genießen, bei späterer Ernte als schnell zubereitetes Blattgemüse. Kurzes Blanchieren erhält das satte Grün und senkt den Nitratgehalt.
INHALTSSTOFFE: Die Blätter enthalten wertvolles pflanzliches Eiweiß, reichlich Mineralstoffe und Beta-Carotin. Nitrateinlagerung ist nur bei lichtarmem Winteranbau und hohen Düngergaben ein Problem.

Rettich

Raphanus sativus var. *niger* ☼

Saattiefe: 2–3 cm | Reihenabstand: 25 cm

Nährstoffbedarf: mittel
Familie: Kreuzblütler, Anbauabstand 3 Jahre
Boden: tiefgründig, feucht, hoher Humusanteil
Aussaat: März bis Mitte August, in der Reihe auf 8–10 cm vereinzeln
Pflanzung: März bis Juni, Pflanzabstand 20 cm
Kulturdauer: Frühsorten 7–8 Wochen, Sommersorten 5–6 Wochen, Herbst- und Wintersorten 10–12 Wochen ab Aussaat

Rettich gilt bei uns als heimisches Gemüse, dabei gehört er zu den ältesten Kulturpflanzen Asiens. Selbst beim bayerischen Bierrettich handelt es sich meist um japanische Rettichvarianten.

› Sommerrettich 'Minowase Summer Cross'

ANBAU/PFLEGE: Entscheidend für den Anbauerfolg und Genuss ist eine der Jahreszeit angepasste Sortenwahl. Frühjahrsrettiche wie der beliebte 'Ostergruß' kommen auch mit kühlen Temperaturen und kurzen Tagen zurecht, Sommersorten neigen weniger zum Schießen – vorausgesetzt, Sie vergessen an heißen Tagen das Gießen nicht. Die ab Juli ausgesäten Herbstrettiche tolerieren auch die ersten kalten Nächte, festfleischige Sorten wie 'Runder Schwarzer Winter' oder 'Blauer Herbst und Winter' lassen sich nach der Ernte noch wochen- oder sogar monatelang einlagern. Rettiche vertragen keinen frischen organischen Dünger. Vor allem Frischmist lockt Rettichfliegen an! Arbeiten Sie vor der Saat oder Pflanzung ausschließlich Reifkompost (ca. 3 l/m^2) ein, eventuell vermischt mit Phytoperls (ca. 50 g/m^2). Regelmäßiges Hacken zwischen den Reihen fördert die Entwicklung, eine gleichmäßige Bodenfeuchtigkeit verhindert, dass das Fleisch »pelzig« wird. Statt wie üblich direkt ins Beet zu säen, kann man Rettiche auch vorziehen und später auspflanzen. Das lohnt sich in kleinen Gärten oder dort, wo Buschbohnen, Möhren und Zwiebeln Anfang August noch nicht abgeerntet sind. Man legt jeweils ein Korn in etwa 13 cm hohe Töpfe mit mindestens 3 cm Durchmesser (Papierpresstöpfe oder Multitopfplatten), die man zuvor mit humusreicher Gemüseerde gefüllt hat. Nach 2–3 Wochen sind die Rettiche pflanzfertig.
SCHÄDLINGE UND KRANKHEITEN: Kohlfliege, Pilzbefall durch Kohlhernie und Rettichschwärze
BEETPARTNER: Salat, Spinat, Erbsen, Buschbohnen
GUTE SORTEN: **Frühsorten** 'Ostergruß rosa 2': halblang, rosafarben; **Sommersorten** 'Minowase Summer Cross': lang, mild, weiß, 'Zürcher Markt'; **Herbstsorten** 'Blauer Herbst und Winter': länglich, violett; **Wintersorten** 'Runder Schwarzer Winter': rund, festfleischig, lange lagerfähig
ERNTE UND VERWENDUNG: Ausgereifte Frühjahrs- und Sommerrettiche innerhalb von 2 Wochen ernten, sonst werden sie scharf und hart. Sommerrettiche genießt man in Asien scharf eingelegt und milchsauer vergoren als »Kimchie« oder gedünstet im Wok. Herbstrettiche vor dem ersten Frost aus der Erde ziehen und in Sand im kühlen Keller einlagern.
INHALTSSTOFFE: Die im Rettich enthaltenen Senföle wirken schleimlösend bei Husten. Keimsprossen aus Rettichsamen enthalten viel Vitamin C.

Radieschen

Raphanus sativus var. *sativus* ☼

Saattiefe: 1–1,5 cm | Reihenabstand: 10–20 cm

Nährstoffbedarf: **mittel**
Familie: **Kreuzblütler, Anbauabstand 2–3 Jahre**
Boden: **humusreiche, feuchte, kalkreiche Lehmböden**
Aussaat: **Mitte März bis Mitte September, in der Reihe auf 5–6 cm vereinzeln**
Kulturdauer: **4–6 Wochen ab Aussaat**

Radieschen oder Radies sind eng mit Rettichen verwandt. Früher waren die Knollen weiß und länglich, ähnlich wie die heute noch erhältliche Sorte 'Eiszapfen'. Durch Züchtung entstanden runde Varianten mit gelber, dunkelroter und violetter Schale.

ANBAU/PFLEGE: In den meisten Gärten werden Radieschen hauptsächlich im Frühjahr angebaut – eigentlich schade, denn mit der richtigen Sortenwahl kann man das gesunde Snack-Gemüse bis in den Spätherbst ernten. Säen Sie immer dann neu aus, wenn die Sämlinge aus der vorangegangenen Saat ihre Keimblätter voll entfaltet haben. Radieschen wurzeln nur oberflächlich und sollten vor allem beim Sommeranbau regelmäßig mit Wasser versorgt werden. Wegen der kurzen Anbauzeit gelten Radieschen als genügsam, doch gerade weil sie so rasant wachsen, mussen die Nährstoffe rasch verfügbar sein. Das klappt, wenn Sie vor der Aussaat etwas Hornmehl (ca. 35 g/m²) in die Erde einarbeiten.
AUF DEM BALKON: Runde Radieschen begnügen sich mit 15–20 cm tiefen Kästen oder Töpfen, müssen dort aber häufiger gegossen werden. Besonders praktisch sind Saatbänder, auf denen die Samen bereits im optimalen Pflanzabstand eingebettet sind.
SCHÄDLINGE UND KRANKHEITEN: Kohlfliege, Pilzbefall durch Kohlhernie und Rettichschwärze
BEETPARTNER: Schnittsalat, Kresse, Dill, Kerbel
GUTE SORTEN: **Früh- und Herbstsorten** 'Eiszapfen', 'Marike', bunte Samenmischungen (z. B. 'Easter Egg Mix'); **Sommersorten** 'Parat', 'Rudi', 'Sora'
ERNTE UND VERWENDUNG: Reife Radieschen innerhalb von 4–5 Tagen ernten. Zum Aufbewahren (ca. 3 Tage im Gemüsefach des Kühlschranks) das Laub abdrehen. Bei eigenen Bioradieschen können Sie die jungen Blätter mitverwenden. Sie schmecken im Salat oder – mit den Knollen gedünstet und püriert – in einer Radieschen-Sahne-Suppe.
TIPP: Als Schnellkeimer eignen sich Radieschen zur Markiersaat (→ Praxistipp Seite 75) bei zögernd keimenden Möhren oder Pastinaken.

› Bunte Samenmischung

› Radieschen keimen innerhalb von einer Woche.

Erbsen

Pisum sativum ☼

Saattiefe: 3–5 cm | Reihenabstand: 30–40 cm

Nährstoffbedarf: **gering**
Familie: **Schmetterlingsblütler, Anbauabstand 4–5 Jahre**
Boden: **tiefgründig, humos, lehmig bis sandig**
Aussaat: **Direktsaat ab Ende März bis Mitte Juni, Palerbsen ab Mitte März**
Kulturdauer: **10–13 Wochen**

› Kapuzinererbse 'Blauschokker'

Bei Erbsen haben Sie die Wahl zwischen Pal- oder Trockenerbsen, Markerbsen mit süßen, dicken Samen und Zuckererbsen (Zuckerschoten), die jung geerntet und samt Hülsen verzehrt werden. Für die meisten Sorten gilt: Die Blühfreude der Pflanzen und damit die Erntemenge lässt im Sommer, wenn die Tage länger werden, merklich nach.

ANBAU/PFLEGE: Frühsaaten von Mark- und Zuckererbsen werden weniger von Schädlingen befallen, man sollte sie aber mit Gemüsenetzen vor Vögeln schützen. Vor der Saat muss der Boden gut abgetrocknet sein, da die Samen in nasser Erde schmieren. Alle Erbsen wurzeln über einen Meter tief und bilden viele feine Seitenwurzeln mit stickstoffbindenden Knöllchenbakterien. Das macht sie zur ausgezeichneten Vorkultur für Kohl und andere Spätgemüse, doch nur im März gesäte Erbsen räumen das Beet früh genug für die Folgekultur. Eine Düngung bei der Beetvorbereitung oder später entfällt. Auf stickstoffreichen Gartenböden kann sich die Abreife sogar stark verzögern. Bis etwa 60 cm hohe Sorten benötigen keine Rankhilfe, beim Anbau in Doppelreihen (20 cm Abstand) stützen sich die Pflanzen gegenseitig. Höhere Sorten zieht man an Stäben, Reisern oder lässt sie an Gittern hochranken.
SCHÄDLINGE UND KRANKHEITEN: Blattläuse, Erbsenwickler, Echter und Falscher Mehltaupilz
BEETPARTNER: Kohlrabi, Salat, Rettiche und Radieschen, Knollenfenchel, Möhren
GUTE SORTEN: **Palerbse** 'Kleine Rheinländerin'; **Markerbse** 'Primaso' und 'Wunder von Kelvedon'; Kapuzinererbse 'Blauschokker'; **Zuckererbse** 'Ambrosia', 'Norli' und 'Weggiser'
ERNTE UND VERWENDUNG: Lassen Sie bei den zum Trocknen bestimmten Palerbsen die Körner nicht zu hart werden! Zuckererbsen sollten Sie am besten alle 3–4 Tage durchpflücken – ältere Hülsen werden zäh und sind weniger süß. Der optimale Erntezeitpunkt für Markerbsen ist gekommen, wenn sich die Samen deutlich abzeichnen, aber noch nicht ihre volle Größe erreicht haben. Später werden sie etwas mehlig.

› Zuckererbse

☼ sonnig ◑ halbschattig (mindestens 6 Std. Sonne am Tag)

Buschbohnen

Phaseolus vulgaris ☼ ◑

Saattiefe: 2–3 cm | Reihenabstand: 40 cm

ANBAU/PFLEGE: Buschbohnen lieben eine lockere, unkrautfreie Erde. Vor allem in den ersten Wochen nach der Saat (ab Mitte Mai) sollte man öfter jäten und den Boden besonders ab Beginn der Blütenbildung gleichmäßig feucht halten. Statt drei Reihen pro Beet (Abstand in der Reihe ca. 5 cm) können Sie auch alle 40 cm 3–5 Samen legen (Horstsaat). Leichtes Anhäufeln, wenn die Pflanzen etwa 20 cm hoch sind, erhöht die Standfestigkeit.
SCHÄDLINGE UND KRANKHEITEN: Fettflecken (Bakterium), Brennflecken (Pilz), Schwarze Bohnenlaus, Bohnenfliege
BEETPARTNER: einjähriges Bohnenkraut, Salat, Zuckermais
GUTE SORTEN: 'Marona', 'Maxi', 'Sanguigno 2': rot geflammte Hülsen, 'Purple Teepee': violette Hülsen
ERNTE UND VERWENDUNG: Buschbohnen werden vor oder bei Beginn der Samenbildung gepflückt (Ausnahme: Auskernbohne 'Sanguigno 2'). Mai-Saaten reifen langsamer, im Sommer sollten Sie die Pflanzen 2–3-mal pro Woche durchpflücken. Bohnen nie roh verzehren, erst Erhitzen zerstört das giftige Phaseolin.

Stangenbohnen

Phaseolus vulgaris ☼

Saattiefe: 3 cm | 8–12 Samen pro Stange

ANBAU/PFLEGE: Stangenbohnen brauchen mehr Wärme als Buschbohnen und sind noch windempfindlicher, liefern aber mehr Hülsen. Von Mitte Mai bis Ende Juni legen Sie die Samen in humusreiche, lehmige Erde. Die Bohnen werden an ca. 2 m hohen Stangen oder einem trapezförmigen, durch eine Querstange gesicherten Gerüst kultiviert (→ auch Seite 85). Wichtig: Leiten Sie herabhängende Triebe im Uhrzeigersinn von Hand auf. Nach der ersten Erntewelle rund um die Stangen einen organischen Gemüsedünger einharken.
SCHÄDLINGE UND KRANKHEITEN: wie Buschbohnen
BEETPARTNER: Kapuzinerkresse, Zucchini, Zuckermais
GUTE SORTEN: Feuerbohne 'Rotblühende', 'Scarlet Emperor', 'Berner Landfrauen': violett gesprenkelte Hülsen, 'Blauhilde': blaue Hülsen, 'Goldfield': gelbe Hülsen
ERNTE UND VERWENDUNG: Die Ernte beginnt Mitte Juli und dauert bis Anfang Oktober. Blaue Hülsen färben sich beim Kochen dunkelgrün. Bohnen nie roh verzehren!

Möhre, Karotte

Daucus carota subsp. *sativus* ☼

Saattiefe: 1–2 cm | Reihenabstand: 25–30 cm

Nährstoffbedarf: **mittel**
Familie: **Doldenblütler, Anbauabstand 3–5 Jahre**
Boden: **humusreiche, sandig-lehmige Erde**
Aussaat: **Direktsaat ab März bis Ende Juni, in der Reihe auf 5–8 cm vereinzeln**
Kulturdauer: **Frühsorten 10–12 Wochen, Sommersorten 12–19 Wochen, Spätsorten 24–28 Wochen**

Kurz und rund, lang und stumpf oder eher kegelförmig – Möhren gibt es in vielen Formen. Nicht alle sind orange, historische Sorten gibt es auch in Cremeweiß oder Hellgelb. Bei der violett gefärbten »Urmöhre« handelt es sich jedoch, anders als oft behauptet, um eine moderne Hybridzüchtung.

ANBAU/PFLEGE: Abhängig von Aussaat- und Erntezeit gibt es bei Möhren Früh-, Sommer- und Spätsorten. Weil die Pflanzen nur zögernd keimen und sich die Sämlinge sehr langsam entwickeln, sollte man vor allem beim Start für beste Bedingungen sorgen. Später genügt gelegentliches Hacken.
Säen Sie Frühsorten, z. B. 'Miranda', ab Anfang März auf ein Beet mit humusreicher, tief gelockerter, feuchter Erde. Auf schweren Böden, die sich im Frühjahr nur langsam erwärmen, hat sich der Anbau auf Hügel- oder Hochbeeten bewährt. Mittelfrühe Sorten wie 'Leira' wachsen ebenfalls rasch und können noch bis Mitte Juni ausgesät werden. Die robusten Spätmöhren nehmen sich mehr Zeit, werden dafür auch größer. 'Robila' lässt sich gut einlagern und überwintert in milden Lagen sogar auf dem Beet. Sobald die Möhrensämlinge sichtbar werden, bedecken Sie die Reihen mit einer 2 cm dicken Schicht Reifkompost und halten das Beet gleichmäßig feucht. Nicht vergessen: Durch Abdecken mit einem Gemüseschutznetz direkt nach der Aussaat beugen Sie einem Befall mit den Maden der Möhrenfliege vor. Stehen die Sämlinge zu dicht, müssen sie auf den richtigen Abstand vereinzelt werden, sobald sie zwei Fiederblättchen gebildet haben.
AUF DEM BALKON: Für tiefe Töpfe eignen sich Frühmöhren wie 'Amsterdamer', für den Balkonkasten kommen Sorten mit kleinen, runden Rüben wie

› Traditionelle Spätsorte 'Oxheart'

› Runde Frühsorte 'Pariser Markt'

☼ sonnig ◐ halbschattig (mindestens 6 Std. Sonne am Tag)

› Lagersorte 'Purple Haze'

› Späte Lagersorte 'Red Samurai'

'Pariser Markt' infrage. Wer 'Duwicker', eine holländische Auslese aus dem Jahr 1858 sät, leistet als Stadtgärter einen Beitrag zum Erhalt alter Gemüsesorten.

SCHÄDLINGE UND KRANKHEITEN: Möhrenfliege, Pilzbefall durch Möhrenschwärze, Wurzelläuse

BEETPARTNER: Erbsen, Mangold, Radicchio, Zichoriensalate; Zwiebeln und Lauch gegen Möhrenfliegen

GUTE SORTEN: **Frühsorten** 'Amsterdamer', 'Miranda', 'Pariser Markt'; **mittelfrühe Sorten** 'Leira', 'Nantaise 2/Milan'; **späte Lagersorten** 'Purple Haze', 'Red Samurai', 'Robila' und 'Rolanka'

ERNTE UND VERWENDUNG: Möhren für den Frischverzehr können schon vor der Vollreife geerntet werden, sie schmecken aromatisch, aber weniger süß. Möhren zum Einlagern lässt man auf dem Beet, bis sich die Blattspitzen rötlich oder gelb färben. Zu viel gezogene Möhren bleiben im Kühlschrank 1–2 Wochen knackig. Dazu das Laub abdrehen, die Rüben nur kurz waschen und in ein feuchtes Tuch einschlagen. Späte Sorten schlägt man ungewaschen im Frühbeet in Erde ein oder lagert sie in Kisten mit feuchtem Sand in einem sehr kühlen, luftfeuchten Raum.

INHALTSSTOFFE: Beta-Carotin wird im Körper in Vitamin A umgewandelt. Das Vitamin verhilft zu einer schönen Haut, schützt vor schädlichen UV-Strahlen und stärkt die Sehkraft. Ein Teelöffel Sahne oder Öl verbessert die Aufnahme.

TIPP: Erfahrene Biogärtner mischen Dill- unter die Möhrensamen. Dill soll die Keimung beschleunigen und das Aroma der Rüben fördern. Beigemischte Koriandersaat beugt dem Befall mit Wurzelläusen vor.

PRAXISTIPP

Möhren keimen nur sehr zögerlich. Es besteht die Gefahr, dass man beim Jäten die keimenden Samen beschädigt, wenn die Saatrille nicht mehr sichtbar ist. Hier hilft ein Trick: Legen Sie im Abstand von 8–10 cm jeweils ein oder zwei Radieschensamen in die Saatrille der Möhrensamen. Die rasch keimenden Radies dienen als Markiersaat und erleichtern das Unkrautjäten, bis die Möhrensämlinge erscheinen.

Rote Bete

Beta vulgaris var. *vulgaris* ☼

Saattiefe: 2–3 cm | Reihenabstand: 25–35 cm

Nährstoffbedarf: **mittel**
Familie: **Gänsefußgewächse, Anbauabstand 3 Jahre**
Boden: **humusreich bis lehmig, mäßig kalkhaltig**
Aussaat: **Direktsaat ab Ende April bis Ende Juli, in der Reihe auf 5–10 cm vereinzeln**
Kulturdauer: **4–13 Wochen**

› Rote Bete 'Pablo'

Vor gut hundert Jahren gab es noch andersfarbige Rote Bete. Heute bevorzugt man Sorten mit blutroten, voll durchgefärbten Knollen. Gelbe oder Weiße Bete enthalten mehr Zucker, schmecken weniger erdig und lagern deutlich weniger Nitrat ein.

ANBAU/PFLEGE: Die Samenknäuel keimen erst bei Bodentemperaturen ab 9 °C , ideal sind ca. 20 °C. Wer zu früh sät, riskiert Schosser. Weil sich aus jedem Knäuel 3–5 Sämlinge entwickeln, kann man sich um das Vereinzeln kaum drücken – es sei denn, man wählt die etwas teureren Saatbänder oder technisch bzw. genetisch monogerme (einkeimige), meist jedoch konventionell gezüchtete Sorten. In kühleren Regionen bedeckt man Frühjahrssaaten mit Vlies. Ab Beginn der Knollenbildung fördern mehrere Gaben mit verdünnter Brennnessel- oder Beinwelljauche (alle 3 Wochen) die Entwicklung zarter, saftiger Rüben.

› Verwenden Sie die rotstieligen, jungen Blätter dicht gesäter Roter Bete wie Baby-Leaf-Salat.

AUF DEM BALKON: Am besten gelingt der Anbau von Baby-Beets oder man erntet die dicht gesäten Pflänzchen als leckeren Salat, bevor sie Knollen bilden.
SCHÄDLINGE UND KRANKHEITEN: Blattflecken oder Pilzbefall durch Falschen Mehltau, Schorfbakterien
BEETPARTNER: Buschbohnen, Dill
GUTE SORTEN: **rund** 'Jannis', 'Pablo', 'Robuschka', 'Rote Kugel', 'Tondo di Chioggia'; **walzenförmig** 'Forono', 'Ägyptische Plattrunde': gibt es seit 1868
ERNTE UND VERWENDUNG: Rote Rüben kann man ab Tischtennisballgröße als zarte, milde Baby-Beets ernten, zum Einlagern lässt man sie voll ausreifen. Sie schmecken roh, als Gemüse, Salat oder Saft.
INHALTSSTOFFE: Die abwehrstärkende Wirkung verdankt Rote Bete dem Farbstoff Betazyan. Auch die Versorgung mit blutbildendem Eisen ist durch die Roten Rüben gesichert. Sämtliche Sorten, auch die gelben, liefern alle wichtigen B-Vitamine.

☼ sonnig ◐ halbschattig (mindestens 6 Std. Sonne am Tag)

Mairübe

Brassica rapa subsp. *rapa*

Saattiefe: 2–3 cm | Pflanzabstand: 20–30 × 10 cm

ANBAU/PFLEGE: Mairüben erhielten ihren Namen, weil sie bei Aussaat ab Mitte März bereits im Mai erntereif sind. Sät man im Spätsommer, wird aus der Mairübe eine Herbstrübe. Im Frühjahr sät man in feuchte Erde an einem sonnigen Platz, für die späteren Saaten kommt auch ein halbschattiges Beet infrage. Wegen der kurzen Anbauzeit sind die Pflegemaßnahmen begrenzt: Im Jugendstadium sorgfältig jäten, zwischen den Reihen öfter hacken und bei Trockenheit durchdringend gießen.
AUF DEM BALKON: Säen Sie in 15 cm große Einzeltöpfe oder Pflanzkästen mit nährstoffreicher Gemüseerde.
SCHÄDLINGE UND KRANKHEITEN: Erdflöhe, Kohl- und Rettichfliege, Rettichschwärze durch Pilzbefall
BEETPARTNER: Pflücksalat, Spinat, Buschbohnen
GUTE SORTEN: 'Goldball', 'Purple Top Milan', 'Petrowski', 'Teltower Kleine', 'Primera' (rotköpfig)
ERNTE UND VERWENDUNG: Ernten Sie nach ca. 8–9 Wochen, wenn die Rüben 6–8 cm groß sind.

Kohlrabi

Brassica oleracea convar. *caulorapa* var. *gongyloides*

Saattiefe: 1 cm | Pflanzabstand: 30 × 25 cm

ANBAU/PFLEGE: Mit vorgezogenen Jungpflanzen lässt sich die Anbauzeit um viele Wochen verkürzen. Setzen Sie die Pflänzchen ab Mitte März nur so tief in humose Erde, dass der Wurzelansatz mit Erde bedeckt ist, sonst bilden sie keine oder kleine, längliche Knollen. »Vollholzkohlrabi« mit zähem, faserigem Fleisch entstehen durch Nährstoff- oder Wassermangel. Deshalb bei der Pflanzung rasch löslichen Gemüsedünger oder Bio-Horn- und Knochenmehl in die Erde einarbeiten.
SCHÄDLINGE UND KRANKHEITEN: Blattläuse, Kohlhernie durch Pilzbefall, Raupen des Kohlweißlings
BEETPARTNER: Salat, Spinat, Erbsen und Zuckerschoten (niedrige Sorten, beispielsweise 'Hunter')
GUTE SORTEN: **Frühsorte** 'Lanro': weiß; **Früh- bis Sommersorten** 'Azur Star': blau, 'Blaro': violett, 'Noriko': weiß; **Herbstsorten** 'Blaril' und 'Blauer Speck': violett
ERNTE UND VERWENDUNG: Kurz bevor sie ihre volle Größe erreicht haben, sind die Knollen besonders zart.

Speisezwiebel

Allium cepa ☼

Saattiefe: 1–2 cm | Reihenabstand: 20 cm

Nährstoffbedarf: mittel
Familie: Lauchgewächse, Anbauabstand 4–5 Jahre
Boden: leicht, sandig-lehmig
Aussaat: im März und April, auf ca. 6 cm in der Reihe vereinzeln
Pflanzung: Steckzwiebeln ab Ende März, Schalotten ab April
Kulturdauer: Bund- und Lauchzwiebeln 12–14 Wochen, Speisezwiebeln und Schalotten 20 Wochen

Zwiebeln sind zweijährig, die Pflanzen bilden im ersten Jahr die typischen Röhrenblätter und Zwiebeln aus. Im zweiten Jahr blühen sie.

Küchenzwiebeln (*A. cepa* var. *cepa*) mit weißer, goldbrauner oder roter Schale sind vielseitig verwendbar. Ihr Aroma ist mild und würzig (Gemüsezwiebel) bis beißend scharf. Früh geerntete, nicht lagerfähige Küchenzwiebeln heißen Bundzwiebeln.

Lauch- oder Frühlingszwiebeln gehören zur selben Art, bilden aber je nach Sorte und Erntetermin nur leicht verdickte Zwiebeln oder schmale, weiße Schäfte mit saftiggrünen, milden Röhrenblättern.

Schalotten (*A. cepa* var. *ascalonicum*) gelten als die feinsten Vertreter aus der großen Zwiebelfamilie.

› Lauchzwiebeln

»Familienzwiebel« heißen die Bulben, weil aus einer gepflanzten Zwiebel eine Gruppe von 5–7 neuen, runden oder länglichen Teilzwiebeln entsteht.

› Gemüsezwiebeln

ANBAU/PFLEGE: Direkt ins Beet gesäte Zwiebeln nach dem Auflaufen auf 5–8 cm in der Reihe vereinzeln. Steckzwiebeln im selben Abstand stecken, aber nur so tief, dass die Spitze herausschaut. Bei trockenem Frühsommerwetter alle paar Tage großzügig gießen, sonst bleiben die Zwiebeln klein! Ab etwa Mitte Juni verzögern zusätzliche Wassergaben die Abreife. Wichtig ist Unkrautjäten. Beim Hacken zwischen den Reihen ist Vorsicht geboten, die jungen Sämlinge und Steckzwiebeln wurzeln nur oberflächlich!

AUF DEM BALKON: Frühlingszwiebeln mit roten Schäften wie beispielsweise 'Rossa Lunga di Firenze' sind ein Hingucker im Beet und in der Küche. Für die laufende Ernte alle 3–4 Wochen neu aussäen.

SCHÄDLINGE UND KRANKHEITEN: Lauchminierfliege, Zwiebelfliege, Falscher Mehltaupilz

☼ sonnig ◑ halbschattig (mindestens 6 Std. Sonne am Tag)

BEETPARTNER: Möhren, Pastinaken, Rote Bete, Salat
GUTE SORTEN: **weiße Küchenzwiebel** 'Sturon'; **rote Küchenzwiebel** 'Robelja'; **Gemüsezwiebel** 'Ailsa Craig', 'Cuisse de Poulet': schalottenförmig, rosa; **Lauchzwiebel** 'Ishikura Long White', 'Rossa Lunga di Firenze'; **Schalotten** 'Red Sun', 'Yellow Moon'
ERNTE UND VERWENDUNG: Bund- und Lauchzwiebeln nach Bedarf ernten, sobald Schäfte oder Zwiebeln dick genug sind. Zum Einlagern der Speisezwiebeln abwarten, bis das Laub vergilbt und eintrocknet. Vorzeitiges Umtreten der Blätter mindert die Haltbarkeit!

Knoblauch

Allium sativum ☼

Pflanztiefe: 5 cm | Reihenabstand: 25 cm

Nährstoffbedarf: **mittel**
Familie: **Lauchgewächse, Anbauabstand 3 Jahre**
Boden: **lockere, wasserdurchlässige Erde in warmer Lage**

› Frisch geernteter Knoblauch

Pflanzung: **im Spätherbst oder ab März, Pflanzabstand 10 cm**
Kulturdauer: **7–10 Monate**

ANBAU/PFLEGE: Die beste Pflanzzeit ist im Herbst. Ein Kältereiz im Winter wirkt sich günstig auf das Wachstum aus. Zwei Gaben verdünnter Pflanzenjauche und mehrmaliges Hacken während der Hauptwachstumszeit lautet das Erfolgsrezept für dicke Knollen mit bis zu 15 Zehen. Im Herbst gepflanzter Knoblauch schiebt im Sommer darauf einen Stängel mit unfruchtbaren Blüten, die keine Samen bilden. Bei einjähriger Kultur schneidet man den Stängel einfach ab. Lässt man ihn wachsen, entwickeln sich aus den weiblichen Blüten kleine Brutzwiebeln (»Bulben«). Diese kann man im Herbst einpflanzen. Im darauffolgenden Sommer entstehen daraus zwiebelähnliche »Rundlinge«, Knollen mit mehreren Zehen gibt es erst im Jahr darauf (zweijährige Kultur).
AUF DEM BALKON: Schlangenknoblauch (*A. sativum* var. *ophioscorodon*) bildet bizarr gedrehte Stängel mit kleinen, milden Brutzwiebeln – ein echter Blickfang auf dem halbschattigen Küchenbalkon!
SCHÄDLINGE UND KRANKHEITEN: Knoblauchfliege, Stängelälchen; Pilzbefall durch Fusarium, Grauschimmel und Knoblauchschwärze; bei feuchtem Wetter Bakterienbefall durch Nassfäule
BEETPARTNER: Erdbeeren, Kohl, Möhren, Tomaten, Sellerie, Schwarzwurzeln, Zucchini
GUTE SORTEN: 'Flavor': hellrosa Zehen, 'Sprint': weiße, violett geflammte Knollen, 'Vallelado': weißschalig; auch oft namenloser Bio-Pflanzknoblauch aus heimischer Kultur mit rosa oder weißen Hüllblättern
ERNTE UND VERWENDUNG: Die Ernte beginnt Mitte bis Ende Juli, bevor die Hüllblätter aufreißen, sobald das untere Drittel der Pflanzen vergilbt. Nach dem Nachtrocknen bewahrt man die Knoblauchzwiebeln gebündelt oder zu Zöpfen geflochten in einem trockenen, kühlen Raum auf. Haltbarkeit: 6–8 Monate.
INHALTSSTOFFE: Schwefelhaltiges Allicin ist für den »Duft« verantwortlich. In der Naturheilkunde nutzt man die erwiesenermaßen blutdruckregulierende und antibakterielle Wirkung des Knoblauchs.
TIPP: Auf dem Markt gekaufter Knoblauch aus südlichen Ländern eignet sich nicht zum Anbau in Mitteleuropa. »Elefantenknoblauch« sieht aus wie eine übergroße Knoblauchknolle, ist aber ein Sommerlauch.

SOMMER

Die beste Zeit für Gemüsegärtner beginnt, wenn sich im Sommer die Körbe füllen und bei der Ernte genug zum Naschen abfällt. Und nicht vergessen: Lassen Sie Salat und Tomaten jetzt keinesfalls dursten!

Aus dem Vollen schöpfen

Halbzeit! Meist entscheidet sich Ende Juni, Anfang Juli, wie der Sommer tatsächlich verläuft. Trocken? Nass? Davon hängt ab, wie viel Pflege der Garten in diesen Monaten braucht. Haben Sie jetzt vor allem ein Auge auf Schaderreger!

› Ein gut belüftetes Tomatenhaus kann den Befall mit Braunfäule verhindern oder zumindest so verzögern, dass die Ernteausfälle gering bleiben.

Viele schwören auf die Wetterregel zum früheren Siebenschläfertag. Wegen der gregorianischen Kalenderreform rutschte dieser Tag vom 28. Juni auf den 7. Juli. Regnet es zu diesem Termin, soll es noch sieben weitere Wochen regnen. In zwei von drei Jahren trifft dies nach meteorologischen Aufzeichnungen zu. Scheint die Sonne, bleiben die Hochdruckgebiete über Mitteleuropa meist ebenso lange stabil.

Gärtnern je nach Wetter

Gewitterböen mit Starkregen, Hitze und Trockenheit können nicht nur Gärtnern, sondern auch Salat und Gemüse schwer zu schaffen machen. Hier muss der Gärtner eine ausgleichende Rolle spielen – nämlich mit angepassten Pflegemaßnahmen.

Wechselspiel zwischen Hacke und Kanne

Hacken und Gießen gehören jetzt zu den wichtigsten Pflegearbeiten. Es gilt die alte Gärtnerregel: »Einmal hacken erspart dreimal gießen.« Warum das so ist? Das oberflächliche Lockern der Erde unterbricht das feine Röhrensystem im Boden. Im Boden gespeichertes Wasser kann nicht mehr zur Oberfläche aufsteigen und verdunsten. Auf schweren Böden sorgt das Aufbrechen der Kruste dafür, dass Gieß- und Regenwasser nicht abläuft, sondern rasch einsickert.

Sonne hilft gegen Unkraut

Das Jäten geht jetzt ganz flott. Mit einer scharfkantigen Ziehhacke können Sie aufkeimende Samenunkräuter (→ Seite 25) knapp unter der Bodenoberfläche einfach abschneiden. Bei sonnigem Wetter verwelken sie rasch und bleiben als dünne Mulchschicht auf den Beeten liegen. Wurzelunkräuter nach Regen samt Ausläufern aus der Erde ziehen.

› Lockern Sie im Beet mit Herbstgemüse regelmäßig die Erde und jäten Sie dabei sorgfältig Unkraut. Die Arbeit lohnt sich!

Wehret den Anfängen!

Wenn Gemüse üppig gedeihen, haben auch Schaderreger Hochsaison. Nur Nacktschnecken mögen Trockenheit nicht. Super für die Sommersalate!

Keine Chance für Blattläuse

Wer einen Holunderstrauch an seinem Kompost stehen hat, weiß genau, wann die Blattlaus-Saison beginnt. Ganze Kolonien sitzen an den Triebspitzen. Sie ziehen ihre Förderer, die Ameisen, magisch an, allerdings ebenso ihre Gegenspieler wie Marienkäfer und Meisen. Daher ist der Spuk auch ohne Ihr Zutun in den meisten Fällen rasch vorüber.
Ganz anders ist die Lage bei Busch- und Stangenbohnen: Sie überstehen größeren Blattlaus-Befall nicht ohne empfindliche Ertragseinbußen. Mit Brennnesselbrühe (→ Seite 46/47) oder sanften Mitteln auf Seifenbasis können Sie die Läuseplage regulieren, ohne den Nützlingen zu schaden.

Tomatenkrankheiten entgegenwirken

Die gefürchtete Braunfäule an Tomaten können Sie dagegen nur so lange wie möglich hinauszögern. Wöchentliche Spritzungen mit Schachtelhalmauszügen, Knoblauchtee oder anderen biologischen Pflanzenstärkungsmitteln können einen frühen Befall verhindern. Am besten schützen eine Überdachung bzw. ein gut belüftetes Tomatenhaus sowie die Wahl unempfindlicher Sorten (→ Seite 88/89).

Auch Gärtner brauchen Urlaub

Ausgerechnet jetzt den Garten sich selbst überlassen und in die Ferien fahren? Mit ein wenig Vorbereitung und netten Nachbarn können Sie das ruhig riskieren, denn Kohl und Endivie wachsen auch alleine weiter, und im August gibt es noch genügend Termine für Nachzügler (→ Seite 84/85).

- Bei Zucchini können Sie die nächste Ernte um etwa zwei Wochen verschieben, wenn Sie kurz vor Urlaubsantritt alle Blüten ausbrechen.
- Das klappt auch bei Tomaten und Gurken, aber wer die Katze füttert und die Balkonkästen gießt, freut sich eventuell mehr über sonnengereiftes Gemüse als über eine Topfpflanze als Dankeschön.
- Wer wenig düngt und die Pflanzen beim Anwachsen stets gut mit Wasser versorgt hat, braucht sich um die Beetgemüse keine Sorgen zu machen.
- Gießen Sie vor der Abreise nochmals durchdringend und bringen Sie eine dicke Mulchschicht aus angefeuchtetem Stroh aus. Dann dürften auch längere Trockenperioden keine Probleme bereiten.

PRAXISTIPP

Bei **Hitze- und Trockenstress** beeilen sich auch als schossfest geltende Gemüse mit der Samenbildung. Pflücksalat zeigt dies besonders gut: Der Stängel streckt sich, die Pflanzen beginnen zu blühen. Die Blätter können zwar noch verwertet werden, schmecken aber immer bitterer. Darum das Salatbeet an heißen Tagen mit Vlies schattieren.

Nachschlag gefällig?

Die günstige Zeit zum Pflanzen und Säen ist noch nicht vorüber, aber die Arbeit drängt längst nicht mehr so wie im Frühling. Manches kommt jetzt erst ins Beet. Und wer das eine oder andere bislang versäumt hat, kann vieles nachholen.

› Ein Hügelbeet ist ideal für den Anbau von Einlegegurken, rankenden Sommerkürbissen und Zucchini. Mit Mehltau befallene Blätter sollte man rechtzeitig abschneiden. Eine dicke Mulchschicht aus Stroh hält den Boden feucht.

Im Sommer steigt der Appetit auf erntefrisches Gemüse und knackigen Salat. Wer im späten Frühjahr erneut Salat, Kohlrabi, Radieschen und Spinat gesät hat, kann jetzt aus dem Vollen schöpfen.

Schichtwechsel im Beet

Die meisten früh gesäten und gepflanzten Gemüse (→ Seite 62/63) sind erntereif. Jede Lücke im Beet schafft Platz für Folgekulturen, die dann im Herbst und Winter den Speiseplan bereichern.

Früh-, Sommer- und Herbstsorten gibt es nicht von ungefähr: Kopfsalat, Knollenfenchel, Mark- und Zuckererbsen beginnen mit zunehmender Tageslichtlänge zu blühen, also zu »schossen«, Radieschen werden holzig und schmecken unangenehm scharf. Spezielle Sommersorten reagieren weniger auf das reichliche Lichtangebot und tolerieren auch höhere Umgebungstemperaturen. Im Herbst sind für Nachsaaten wieder die Frühsorten an der Reihe. Es gibt inzwischen aber auch Kopfsalate für den Ganzjahresanbau (→ Porträt Seite 66/67).

- Nach Erbsen und Frühkartoffeln können jetzt Kohlsorten wie Chinakohl, Pak Choi, Rosenkohl und Grünkohl gepflanzt werden.
- Ab Juli säen und pflanzen Sie frühe Herbstgemüse wie Kohlrabi, Möhren, Radicchio und Endivie.
- Von Juli bis Anfang August ist die beste Aussaatzeit für Chinakohl. Während der Hauptwachstumszeit von Mitte August bis September häufig gießen!
- Beete, auf denen andere Frühgemüse abgeerntet wurden, bleiben nicht lange leer. Endivie und Rettich nehmen ihren Platz ein. Lücken in den Reihen mit Kohlrabi oder Kopfsalat füllen Sie mit Romana-, Eichblatt- und Bataviasalaten.
- Salate an warmen Sommertagen erst abends aussäen. Das Beet anschließend mit kaltem Wasser überbrausen und mit Vlies abdecken. Alternativ können Sie auch die Samen in Saatplatten aussäen und an einem schattigen Ort vorziehen. So keimen die hitzeempfindlichen Samen garantiert.
- Im August gesäter Feldsalat ist im September reif.
- Möhren, Bohnen und im April gesäte Rote Bete räumen im August das Beet. Anders als langsam wachsende Spätsorten eignen sie sich kaum zum Einlagern, sondern sollten sofort nach der Ernte verarbeitet werden. Bewährte Beetnachfolger sind Zichoriensalate wie Zuckerhut oder Escariol, aber auch Herbstkohlrabi oder Brokkoli.
- Anfang bis Mitte September gesäter Rucola bzw. Spinat liefern innerhalb von 4–6 Wochen Blätter.
- Letzter Pflanztermin für Endivie, Frisée, Radicchio und Wirsing ist Anfang August.

› Wo Frühkohl abgeerntet wurde, pflanzt man im Juli Endivie. Rotkohl räumt das Beet erst im Spätherbst. Im Vergleich zu Weißkohl wächst er etwas langsamer, und die Köpfe bleiben etwas kleiner.

Ab in die Vertikale!

Zu wenig Platz im Beet? Entdecken Sie das **vertikale Gärtnern!** Prunk- und Stangenbohnen sind ein Paradebeispiel dafür und werden in luftiger Höhe meist sogar weniger von Pilzkrankheiten wie Bohnenrost befallen. Mit ihren 3 m Höhe erobern sie neben klassischen Bohnenstangen auch Rankseile oder Drahtkonstruktionen. Legt man die Bohnen direkt im Freiland im Boden ab, fressen die im Boden wartenden Maden der Bohnenfliege die gerade herauswachsenden Stängel oft kahl. Durch eine kurze Vorkultur in Töpfen lassen sich diese Ausfälle vermeiden. Pflanzen Sie die Bohnen aus, sobald die Stängel eine Handbreit hoch sind. Tipp: Stecken Sie in Pflanzkästen auf der Terrasse zwischen die Bohnenkerne ein paar Prunkwindensamen. Sie ergeben einen dekorativen Sicht- und Windschutz. Gurken und Kürbisse wollen ebenfalls hoch hinaus, finden an stabilen Rankgittern aus Bambusstäben oder an speziellen Ranknetzen aus dem Gartenfachhandel aber deutlich besseren Halt.

Obst & Gemüse haltbar machen

Wer Gläser mit eingekochten Bohnen, süßem Kompott, pikantem Chutney oder Würzöl im Haus hat, kann jederzeit ein Essen aus dem Ärmel zaubern. Und kleine Geschenke aus der Küche wie Würzsalz sind allemal origineller als der übliche Blumenstrauß.

› Tomaten, Peperoni, Zucchini und andere Fruchtgemüse lassen sich durch Einkochen und Einlegen in Öl oder Essig in Gläsern konservieren. Saft- und kernarme Tomatensorten eignen sich auch zum Trocknen im Backofen.

Wie im Garten ist beim Einkochen etwas Planung gefragt. Gerade wenn Sie angesichts einer reichen Ernte von der Einweck-Euphorie gepackt werden, sollten Sie kurz überschlagen, wie viele Gläser Kompott, Marmelade, eingelegte Gürkchen oder Bohnen bei Ihnen pro Woche verbraucht werden. Bis zur nächsten Ernte sollte nämlich so gut wie alles aufgebraucht sein. Werden die Vorräte aus dem alten Jahr von der neuen Ernte überholt, bleiben sie meist im Regal stehen. Verschenken können Sie ein solches Glas guten Gewissens auch nur in Ausnahmefällen.

Jetzt geht's ans Eingemachte!

Nur einwandfreies Obst und Gemüse schmeckt und bleibt lange haltbar. Überreife, fleckige oder von Maden befallene Früchte und Gemüse sollten Sie daher vor dem Einmachen aussortieren. Fallobst von Äpfeln und Birnen müssen Sie unbedingt sorgfältig ausschneiden, sonst beginnt das daraus fabrizierte Kompott oder Mus im Glas zu gären.
Ebenso wichtig ist die schon fast peinlich genaue Sauberkeit in der Küche, vor allem wenn man auf

konservierenden Zucker ganz oder teilweise verzichtet oder auch weniger Salz verwenden möchte als üblich. Einmachgläser und Schraubdeckel müssen Sie so heiß wie möglich ausspülen und am besten in der Spülmaschine bei 70 °C oder im Einkochtopf sterilisieren. Gummiringe dürfen nicht in die Spülmaschine und werden kurz in siedendes Wasser gelegt.

Gemüse einfach einkochen

Gemüse, die sowieso gekocht verzehrt werden, wie Bohnen, Erbsen, aber auch Rotkohl, eignen sich ganz besonders zum Einkochen. Blattgemüse wie Mangold und Spinat verlieren dabei ihre frische grüne Farbe, diese darum in die Gefriertruhe stecken.
Das Grundrezept zum Einkochen von Gemüse: Pro 1-Liter-Glas 600 g geputztes Gemüse, z. B. Bohnen, Erbsen oder Möhren (in Stiften, Scheiben oder Würfeln), in die Gläser füllen und mit kaltem, leicht gesalzenem Wasser übergießen. Geben Sie nach Belieben frische Kräuter (z. B. eine Dill- oder Fencheldolde, einen Zweig Bohnenkraut) in jedes Glas. Die Gläser fest verschließen und im Einmachtopf oder Backofen bei 90 °C ca. 60 Min. einkochen.

Obst monatelang haltbar machen

Bei Obst bewahrt ein Schuss Zitronensaft oder Zitronensäure aus dem Päckchen die appetitliche Farbe von Kirschen und Pflaumen. Etwas Säure verleiht sehr süßen Früchten auch mehr Geschmack. Empfindliche Beeren wie Himbeeren und Erdbeeren und ganz besonders Kulturheidelbeeren und Brombeeren werden beim Einkochen meist zu weich.

PRAXISTIPP

Sie möchten Ihre **Marmelade** lieber nicht so süß? Dann kochen Sie diese mit weniger oder ohne Zucker bzw. alternativen Süßungsmitteln (z. B. Stevia) ein. Als Bio-Gelierhilfe dient Agar-Agar. Bewahren Sie zuckerarme oder zuckerfreie Marmeladen nach dem Öffnen im Kühlschrank auf. Sie sollten dann innerhalb von einer Woche aufgebraucht werden.

› Selbst gemachte Marmelade aus eigenen Garten- und Wildfrüchten schmeckt so gut, wie sie aussieht.

Streuen Sie die Früchte lieber auf ein Backblech oder eine flache Schale, lassen sie im Tiefkühlgerät gut durchfrieren und füllen sie anschließend portionsweise in Kunststoffbeutel oder -dosen um. Für schnelle Quarkspeisen, Fruchtjoghurt und -soßen zum Pudding kann man die Früchte auch mit ein wenig Zucker oder Honig pürieren und in kleinen Dosen oder Eiswürfelbehältern einfrieren.
Das Grundrezept zum Einkochen von Obst: Für ein handelsübliches 1-Liter-Einweckglas brauchen Sie ca. 800–850 g Beeren oder andere Früchte (ohne Kerngehäuse oder Steine). Die benötigte Obstmenge abwiegen und in die jeweilige Anzahl Einmachgläser füllen. Pro Kilogramm Früchte 175–250 g Zucker in je 1 l Wasser aufkochen. Den Sirup bis ca. 2 cm unter den Rand in die Gläser füllen, eventuell in jedes Glas ein Stückchen längs halbierte Vanilleschote oder ein Stück Zimtstange geben. Gummiring und Glasdeckel auflegen, mit Metallklammern fixieren. Beeren etwa 20 Min., die übrigen Obstarten knapp 30 Min. bei 75–80 °C sterilisieren (im Einmachtopf/Einkochautomat oder im Wasserbad im Backofen). Danach abkühlen lassen, die Klammern entfernen und die Gläser kühl und dunkel aufbewahren.

Sommergemüse

Sommer ist, wenn im Gemüsegarten Tomaten und Paprika reifen und Zucchini fast schneller wachsen, als man ernten kann. Auch Gurken und Auberginen haben jetzt Hochsaison. Und feiner Fenchel und Frühkartoffeln füllen ebenfalls den Erntekorb.

Tomate

Solanum lycopersicum (Syn. *Lycopersicon esculentum*) ☼

Saattiefe: 0,5–1 cm | Pflanzabstand: 60 × 60 cm

Nährstoffbedarf: **mittel bis hoch**
Familie: **Nachtschattengewächse, Anbauabstand 4 Jahre**
Boden: **warme, humose, sandige Lehmböden**
Aussaat: **Vorkultur ab März**
Pflanzung: **Mitte April unter Vlies bis Ende Mai**
Kulturdauer: **12–20 Wochen ab Aussaat, 6–9 Wochen ab Pflanzung**

› Bei Stabtomaten kneift oder »geizt« man regelmäßig alle Seitentriebe in den Blattachseln aus.

Ein Sommer ohne eigene Tomaten – für die meisten Gartenbesitzer einfach unvorstellbar. Und wenn der Platz im Beet nicht ausreicht, zieht man das begehrte Fruchtgemüse einfach im Topf.

ANBAU/PFLEGE: Tomaten sind extrem lichthungrig. Ziehen Sie die Pflanzen selbst aus Samen vor, sollten Sie sich vorher vergewissern, dass Sie genügend warme und helle Fensterplätze haben. Ein Platz direkt über dem Heizkörper empfiehlt sich jedoch nicht. Dort ist die Luft viel zu trocken. Für ein zügiges Wachstum sollte der Topfballen möglichst gleichmäßig feucht, aber nie nass sein. Zwischen Aussaat und Pflanzung dürfen nicht mehr als 6 Wochen liegen. Müssen die Pflanzen über längere Zeit dicht an dicht in den Anzuchttöpfen ausharren, werden sie zu hoch und bleiben dünn und schmächtig. Doch nur kompakte Jungpflanzen mit einem kräftigen Mitteltrieb und kurzen Blattabständen liefern später eine reiche Ernte. Wichtig: Setzen Sie kräftige Jungpflanzen leicht schräg zum Rankstab und etwa 5 cm tiefer in die Erde ein, als sie im Topf gestanden haben. Viele Gärtner bauen Tomaten jahrelang am selben Platz an. Regelmäßiger Beetwechsel beugt Bodenkrankheiten (Korkwurzelkrankheit) und einem Befall mit Wurzelälchen vor. Im Gewächshaus ist dies oft schwierig. Treten erste Probleme auf, können Sie auf Sorten ausweichen, die auf Wildtomate veredelt wurden, oder die Beeterde austauschen.
AUF DEM BALKON: Niedrig bleibende Buschtomaten und Balkon- oder Ampeltomaten ziehen Sie in Töpfen oder Kästen mit mindestens 10 l Fassungsvermögen, höhere Stabtomaten in Pflanzkübeln mit ca. 30 l.
SCHÄDLINGE UND KRANKHEITEN: Pilzbefall durch Braunfäule oder Samtflecken; Blütenendfäule durch Kalziummangel

☼ sonnig ◑ halbschattig (mindestens 6 Std. Sonne am Tag)

› Tomaten gibt es in vielen Formen und Farben.

GUTE PARTNER: Ringelblumen, Tagetes, Basilikum, Petersilie, Schnitt- und Knollensellerie
GUTE SORTEN: **Wildtomate** 'Golden Current'; **runde Buschtomate** 'Bogus Fruchta'; **frühe runde Freilandtomate** 'Matina'; **runde Stabtomate** 'Quadro'; **Cocktailtomaten** 'Yellow Submarine': gelbe Früchte; **Fleischtomate** 'St.Pierre'; **Romatomaten** 'Roma VF' und 'San Marzano'

ERNTE UND VERWENDUNG: Am besten schmecken Tomaten sonnenwarm und frisch vom Stock. Unreif geerntete Tomaten reifen an einem dunklen, warmen Ort nach. Für Pasta, Pizza und Salat eignen sich runde Stab- und dicke Fleischtomaten. Ganze oder halbierte Wild- und Kirschtomaten sehen auch in warmen Gemüsegerichten appetitlich aus. Sie können kurz vor Ende der Garzeit zugefügt werden und müssen dank der zarten Schale auch nicht enthäutet werden.
INHALTSSTOFFE: An der Pflanze ausgereifte Tomaten enthalten deutlich mehr Vitamin C als vor der Vollreife gepflückte, transportfähige Longlife-Tomaten. Entscheidend für den Geschmack ist das jeweilige Zucker-Säure-Verhältnis. Rote und gelbe Tomaten enthalten Beta-Carotine als Vorstufe von Vitamin A sowie krebsvorbeugendes Lycopin. Wichtig: Das Solanin in unreifen grünen Tomaten ist giftig und wird auch beim Erhitzen nicht abgebaut. Es kann in höherer Dosis Kopf- und Bauchschmerzen oder Sehstörungen auslösen. Grüne Tomatenspezialitäten sollten Erwachsene daher allenfalls in kleinen Mengen genießen, Kinder besser gar nicht!
TIPP: Schützen Sie Ihre Tomaten durch eine etwas heruntergezogene Überdachung vor Tau und Regen. Auf feuchten Blättern und bei hoher Luftfeuchtigkeit vermehren sich Kraut- und Braunfäule-Pilze.

Die verschiedenen Fruchtformen

FRUCHTFORM	MERKMALE
Kirschtomaten	Stab- oder Buschtomate; Früchte rund, pflaumen- oder birnenförmig; 10–30 g schwer; meist rot oder gelb
Cocktailtomaten	Stabtomate; Früchte rund; 30–60 g schwer; rot, gelb, schwarzrot, grün oder grün-orange gestreift; 2 Fruchtkammern
Runde Stabtomaten	Stabtomate; Früchte rund, mit schnittfester Schale; ca. 90 g schwer; 3–5 Fruchtkammern
Fleischtomaten	Stabtomate; Früchte mehr oder weniger stark gerippt, flachrund; bis zu 150–500 g schwer; kern- und saftarm
Romatomaten	Stab- oder Buschtomate; Früchte oval; je nach Sorte 20–100 g schwer; rot; kern- und saftarmes, oft hohles Fruchtfleisch
Rispen- oder Trosstomaten	Stabtomate; Früchte rund oder oval; 20–100 g, z. T. schwerer; rot, gelb oder orange; reift an Rispen mit 6–8 Früchten, Ernte einzeln oder als Trosstomate (ganze Rispe)

Paprika und Peperoni

Capsicum annuum, Capsicum frutescens ☼

Saattiefe: 0,5–1 cm | Pflanzabstand: 60 × 60 cm

Nährstoffbedarf: hoch (Starkzehrer)
Familie: Nachtschattengewächse, Anbauabstand 4 Jahre
Boden: humusreiche Böden in warmer Lage
Aussaat: Vorkultur ab Mitte Februar
Pflanzung: ab Ende April im Gewächshaus, ab Mitte Mai bis Mitte Juni ins Freie
Kulturdauer: 20–32 Wochen mit Vorkultur, 10–24 Wochen ab Pflanzung

Ein schöneres Ziergemüse als milde Paprika und feurige Peperoni oder Chili kann man sich kaum vorstellen. Auch deshalb sind die Pflanzen mit den dekorativen Schoten schon fast ein Muss im sommerlichen Küchengarten. Auf dem Weg von der Wild- zur Kulturpflanze entstanden viele Fruchtformen, und das Angebot wird immer bunter.

ANBAU/PFLEGE: Humusreiche Erde und eine großzügige Kompostgabe sorgen dafür, dass Jungpflanzen rasch Fuß fassen. Alle Paprika- und Peperoni-Sorten dürfen aber frühestens ab Mitte Mai ins Freie. Gerade wärmeverwöhnte, kräftig entwickelte Jungpflanzen vom Gärtner reagieren auf Nachttemperaturen unter 12 °C mit mehrwöchigen Wachstumsstockungen! Kappt man bei hohen Sorten die Spitzen oberhalb einer Blattverzweigung, wachsen die Pflanzen buschiger, bilden mehr Seitentriebe und tragen insgesamt mehr Früchte. Da die Triebe leicht brechen, sollten Sie höhere Sorten an stabilen Stäben aufbinden! Bei Gemüsepaprika außerdem die Königsblüte, also die zuerst gebildete Blüte, entfernen, dann verzweigen sich die Pflanzen besser und bilden mehr Früchte. Chili und Paprika bis zur einsetzenden Fruchtbildung mäßig gießen, um die Wurzelbildung zu fördern. Ab Beginn der Hauptwachstumsphase dann großzügiger wässern und dem Gießwasser alle 14 Tage etwas organischen Flüssigdünger zufügen. Doch bitte sparsam dosieren – sonst bilden die Pflanzen zahlreiche Blätter, blühen und fruchten aber weniger üppig.

› Zierpaprika mit aufrechten Früchten

› Süße, rot abreifende Blockpaprika

 ☼ sonnig ◑ halbschattig (mindestens 6 Std. Sonne am Tag)

› Milde, gelbe Spitzpaprika

AUF DEM BALKON: Meist genügen Gefäße mit gut 5 l Fassungsvermögen. Für hohe Sorten wie Glockenchili und Gemüsepaprika ist ein 10-Liter-Topf zu empfehlen. Vermischen Sie Blumenerde mit einer Handvoll Hornspäne. Zudem pro Woche 1 Teelöffel Hornmehl pro 5-Liter-Topf in die Erde einarbeiten.
SCHÄDLINGE UND KRANKHEITEN: Spinnmilben, Weiße Fliege, Blattläuse, Virosen
BEETPARTNER: Basilikum, Tomaten, Kohlrabi
GUTE SORTEN: **Spitzpaprika** 'Ferenc Tender', 'Pantos' und 'Sweet Dreams'; **Blockpaprika** 'Neusiedler Ideal'; **Peperoni** 'De Cayenne': Schärfegrad 8, 'Lemon Drop': Schärfegrad 7; Glockenchili
ERNTE UND VERWENDUNG: An der Ausfärbung der Früchte erkennen Sie den richtigen Erntezeitpunkt. Grüne Paprika und Peperoni sind immer unreif. Je nach Sorte können gelbe Schoten bereits reif sein, einige färben sich in der Vollreife noch rot. Rote Sorten sind reif, wenn sich die Früchte dunkelrot färben. Tipp: Ernten Sie einen Teil der Schoten grün, dann bilden die Pflanzen mehr Blüten und Früchte. Die Schärfe der Schoten variiert von Sorte zu Sorte und schwankt sogar zwischen den Früchten ein und derselben Pflanze. Garantiert feuerfrei (Schärfegrad 0) ist Gemüsepaprika. Der zur Herstellung von süßem Paprikapulver verwendete Ungarische Kirschpaprika liegt auf Platz 2 der Schärfeskala. Jalapeño-Chilis heizen dem Gaumen schon gehörig ein (Schärfegrad 5). Die durch die gleichnamige Sauce berühmte Sorte 'Tabasco' liegt bei Schärfegrad 8. Höllisch scharf (Schärfegrad 10) sind Habanero-Chilis. Kenner und geübte Peperoni-Esser schwören allerdings auf das besonders blumig-fruchtige Aroma.
INHALTSSTOFFE: Reines Fruchtfleisch enthält weniger scharfes Capsaicin. Entschärfen können Sie die Schoten, wenn Sie bei Peperonis Trennwände und Kerne sorgfältig entfernen. Ob mild oder feurig: Beim Gehalt an Vitamin C und Beta-Carotinen, der Vorstufe von Vitamin A, stellen reife Paprika heimische Gemüsearten weit in den Schatten.
TIPP: Für selbst zubereitetes Chili-Öl 2–6 Chilischoten längs halbieren, Kerne und Trennwände entfernen. Schoten in Streifen schneiden. 1 l Olivenöl mit den Chilistreifen in eine Flasche füllen. Nach Wunsch 1–2 Knoblauchzehen, 1 TL Pimentkörner, 1 Zweig Rosmarin und 1–2 Lorbeerblätter zufügen. 1–2 Wochen durchziehen lassen. Dann absieben, das Öl in Flaschen umfüllen und je 1 getrocknete Chilischote als Dekoration in die Flasche geben. Diese luftdicht verschließen und kühl sowie dunkel aufbewahren. Passt prima zu Pizza und Pasta oder als Grillmarinade.

PRAXISTIPP

Zierpaprika aus dem Blumengeschäft werden häufig mit Pflanzenschutzmitteln behandelt. Zum Verzehr bestimmte Zierformen also besser beim Biogärtner kaufen. Wenn Sie Zierpaprika selbst aus Samen heranziehen, besteht diese Gefahr nicht, und Sie können nach Geschmack entscheiden, ob Sie die hübschen Schoten in der Küche verwenden möchten.

Aubergine

Solanum melongena ☼

Saattiefe: 0,5–1 cm | Pflanzabstand: 60 × 50 cm

Nährstoffbedarf: hoch
Familie: Nachschattengewächse, Anbauabstand 4 Jahre
Boden: humus-, nährstoffreich, locker
Aussaat: Vorkultur ab März bis April
Pflanzung: ab Anfang Mai im Gewächshaus, ab Ende Mai bis Juni ins Freie
Kulturdauer: 16–25 Wochen

Die ersten Auberginen, die von Indien und China nach Südeuropa kamen, waren weiß oder gelb und nur so groß wie ein Hühnerei. Inzwischen gibt es eine Fülle an Formen und Farben. Die meisten Gartenzüchtungen haben eine dunkelviolette Schale.

ANBAU/PFLEGE: Auberginen fühlen sich erst bei Temperaturen von 25–30 °C richtig wohl. In kühlen Nächten sollten sie daher auch auf der Terrasse mit Vlies und Folie abgedeckt werden. Gesichert ist eine laufende Ernte nur im Gewächshaus, für niedrige Sorten genügt ein höherer Frühbeetkasten oder ein Folientunnel. Im Beet zieht man die Pflanzen mit 3–4 Haupttrieben und kürzt die Triebspitzen um eine Handbreit ein, um eine frühe Blüte zu fördern. Auberginen müssen regelmäßig gegossen werden.
AUF DEM BALKON: Kleinfrüchtige Sorten gedeihen gut in Töpfen mit einem Mindestvolumen von 15 l. Für eine reiche Ernte im Sommer alle 1–2 Wochen einen organischen Flüssigdünger verabreichen.
SCHÄDLINGE UND KRANKHEITEN: Spinnmilben, Weiße Fliege, Grauschimmel, Bakterienwelke
GUTE SORTEN: **Freiland** 'Blaukönigin', 'Rotonda Sfumata': klassische italienische Sorte; **geschützter Anbau** 'Antigua'; **Balkon** 'Bambino', 'Mohican'
ERNTE UND VERWENDUNG: Im Gewächshaus beginnt die Ernte im Juli, im Freien ab Anfang August. Die Früchte sind am besten, solange die Schale glänzt.

› Mini-Aubergine 'Bambino'

› 'Antigua' mit dünner, violett gestreifter Schale eignet sich nur für den geschützten Anbau.

☼ sonnig ◐ halbschattig (mindestens 6 Std. Sonne am Tag)

Zucchini

Cucurbita pepo ☼

Saattiefe: 2 cm | Pflanzabstand: 70–100 cm

Nährstoffbedarf: hoch
Familie: Kürbisgewächse, Anbauabstand 3–4 Jahre
Boden: humus- und nährstoffreich, locker, feucht (keine Staunässe!)
Aussaat: Vorkultur ab April, Direktsaat ab Ende Mai (Saatstelle mit Kompost abdecken)
Pflanzung: ab Anfang Mai im Gewächshaus, ab Mitte bis Ende Mai ins Freie
Kulturdauer: 6–24 Wochen

»Zucchini« bedeutet im Italienischen »kleiner Kürbis«. Genauer handelt es sich um Sommerkürbisse. Anders als die haltbaren und dicken Winterkürbisse werden die Früchte, botanisch korrekt Beeren, möglichst jung geerntet. Neben den bekannten grünen Sorten gibt es auch cremeweiße, gelbe sowie gestreifte Züchtungen und runde »Rondini«.

ANBAU/PFLEGE: Zucchini lieben großzügige Kompostgaben (3–5 l/m²) zum Start. Dazu eine Handvoll Hornspäne oder Phytoperls im Pflanzloch verteilen oder die Erde rund um die Pflanzen mit Rohkompost mulchen. Bei Wassermangel werden die Früchte bitter, oder ein Teil der jungen Fruchtansätze wird abgestoßen. Also großzügig gießen! Zucchini sind einhäusig, d. h., jede Pflanze trägt sowohl männliche als auch weibliche Blüten. Zu Beginn der Wachstumszeit kann von der oft beschworenen Zucchinischwemme keine Rede sein. Die Pflanzen bilden zunächst mehr männliche Blüten. Erst wenn genügend Blätter vorhanden sind, um die Früchte zu ernähren, geht es wirklich los. Apropos Zucchinischwemme: Eine vierköpfige Familie benötigt mindestens drei Pflanzen.

› 'Cocozelle di Tripolis' – eine gestreifte Sorte

› Goldgelbe Zucchini

SCHÄDLINGE UND KRANKHEITEN: Pilzbefall durch Echten Mehltau, Viruserkrankungen wie Gurkenmosaikvirus, Schneckenfraß v. a. an den Blüten
BEETPARTNER: Stangenbohnen, Stabtomaten
GUTE SORTEN: **rund** 'Tondo Chiara di Nizza': dunkelgrün; **keulenförmig** 'Cocozelle di Tripolis': grün gestreift; 'Albarello': hellgrün; 'Auslese Sativa': gelb; für den Balkon: Kletterzucchini 'Black Forest'
ERNTE UND VERWENDUNG: Am besten schmecken Früchte, die gerade 14–20 cm lang sind. Bei warmem Sommerwetter können Sie alle 2 Tage ernten. Runde Sorten (»Rondini«) erntet man bei Tennisballgröße. Vergisst man die Ernte, gibt es keulenförmige oder fast handballgroße, hartschalige Riesenfrüchte, und es wachsen kaum noch Früchte nach.

› Salatgurke

Gurke

Cucumis sativus ☼

Saattiefe: 2 cm | Pflanzabstand: 100 × 40 cm

Nährstoffbedarf: **hoch**
Familie: **Kürbisgewächse, Anbauabstand 3–4 Jahre**
Boden: **mit Kompost vorbereitet, nährstoffreich**
Aussaat: **Vorkultur ab April**
Pflanzung: **ab Anfang Mai ins Frühbeet/Gewächshaus, ab Mitte Mai ins Freiland**
Kulturdauer: **8–20 Wochen ab Aussaat, 4–6 Wochen ab Pflanzung**

Bei Schlangen- oder Salatgurken eignen sich nur wenige Sorten für den Anbau im Beet. Am besten weicht man auf die neueren Midi- oder Minigurken aus. Schäl- oder Schmorgurken haben an Beliebtheit ziemlich eingebüßt – schade, denn sie warten mit tollem Gurkenaroma auf. Das gilt auch für die sogenannten Landgurken mit dickerer, leicht bestachelter Schale. Einlegegurken lohnen sich, wenn man Spaß am Einkochen hat. Die meisten Gurkensorten brauchen eine großzügige und stabile Kletterhilfe.

ANBAU/PFLEGE: Vorgezogene Gurken pflanzen Sie aus, sobald sie 2–4 rau behaarte echte Blätter gebildet haben. Dabei gilt: Je kleiner der Topf, desto früher auspflanzen. Auf Wildkürbis veredelte Pflanzen tragen fast doppelt so viele Früchte und sind unempfindlich gegen Krankheitserreger, die im Boden überdauern. Dies ist insbesondere beim Anbau im Kleingewächshaus wichtig, wo ein häufiger Standortwechsel nicht möglich ist. Ab Beginn der Fruchtbildung etwa alle 3 Wochen mit etwas Hornmehl oder einem anderen organischen Gemüsedünger düngen oder mit verdünnter Brennnessel- oder Beinwelljauche gießen. An sonnigen Tagen benötigt eine Pflanze 2–3 l Wasser. Da Gurken nur oberflächlich wurzeln, die Erde nicht hacken, sondern mit Rasenschnitt mulchen.
AUF DEM BALKON: In große Töpfe oder Pflanzsäcke passen zwei Pflanzen. Vor praller Sonne schützen, sonst verdunstet über die Blätter zu viel Wasser.
SCHÄDLINGE UND KRANKHEITEN: Gurkenmosaikvirus, Echter Mehltau, Blattläuse, Spinnmilben
BEETPARTNER: Buschbohnen, Kohlrabi, Dill
GUTE SORTEN: **Salatgurke** 'Sonja', 'Tanja'; **Einlegegurke** 'Riesen-Schäl', 'Vorgebirgstraube'; **Minigurke** 'Printo' F1
ERNTE UND VERWENDUNG: Die Ernte beginnt ca. 4–6 Wochen nach der Pflanzung, sobald die Früchte ihre sortentypische Größe erreicht haben. Je früher man erntet, desto mehr Früchte wachsen nach.

› Einlegegurke

☼ sonnig ◐ halbschattig (mindestens 6 Std. Sonne am Tag)

› Riesenkürbis *(Cucurbita maxima)*

Kürbis

Cucurbita pepo, Cucurbita maxima

Saattiefe: 2 cm | Pflanzabstand: 100 cm

Nährstoffbedarf: **sehr hoch**
Familie: **Kürbisgewächse, Anbauabstand 3–4 Jahre**
Boden: **locker, humus- und nährstoffreich**
Aussaat: **Vorkultur ab Ende April bis Mai, Direktsaat ins Freiland ab Mai**
Pflanzung: **ab Mitte Mai bis Anfang Juni**
Kulturdauer: **8–20 Wochen ab Aussaat**

Gartenkürbisse unterscheiden sich in Form, Farbe und vor allem in der Größe. Den Rekord stellt die Sorte 'Atlantic Giant' mit 500 kg pro Frucht. Der kleinste Vertreter der Riesen-Gartenkürbisse, 'Jack be Little', wird nur so groß wie eine Kinderfaust. Der beliebteste Kürbis, der orangerote 'Hokkaido', bei dem als einzigem Kürbis auch die Schale mit verwertet werden kann, zeigt sich familienfreundlich und bringt zwischen 1–3 Kilogramm auf die Waage.

ANBAU/PFLEGE: Alle Sorten sind kälteempfindlich. Bei Vorkultur sollte man die Anzuchtzeit auf 4 Wochen begrenzen und die Jungpflanzen in mindestens 8 cm großen Töpfen ziehen. »Überständige« Setzlinge mit mehr als 3–4 Blättern, die schon zu lange im Topf stehen, wachsen im Beet nur noch zögernd an! Eine Extraportion Kompost im Pflanzloch und mindestens 2 weitere Düngergaben stillen den großen Nährstoffhunger der Pflanzen. Rankende Sorten lässt man am Boden kriechen oder leitet sie an einer Rankhilfe auf. Im Beet schwere Früchte mit Stroh unterlegen, hängende Kürbisse mit einem Netz vor Absturz bewahren. Bei Trockenheit alle 2–3 Tage ausreichend gießen. Tipp: Kürbisse niemals auf, sondern immer an den Fuß des Komposts setzen. Dort profitieren sie vom gehaltvollen Sickerwasser, entziehen dem Haufen aber nicht in nennenswertem Umfang Nährstoffe.
AUF DEM BALKON: Geeignet sind kleinfrüchtige Sorten wie 'Pomme d'or' oder 'Sunburst'.
SCHÄDLINGE UND KRANKHEITEN: Echter und Falscher Mehltau durch Pilzbefall, Schnecken
BEETPARTNER: Zuckermais
GUTE SORTEN: **Hokkaido** 'Red Kuri': orangerot, 'Green Hokkaido'; **Gartenkürbis** 'Atlantic Giant', 'Butternut Waltham', 'Jack be Little'; **Mini-Kürbis** 'Pomme d'or'; **Patisson** 'Patisson': cremeweiße Schale, 'Sunburst': gelbe Schale
ERNTE UND VERWENDUNG: Gartenkürbisse sind reif, wenn der Stiel eintrocknet und die Schale rund um den Stielansatz haarfeine Risse zeigt. Nur voll ausgereifte Früchte sind mehrere Monate lagerfähig!

› Gartenkürbis *(Cucurbita pepo)*

Kartoffel

Solanum tuberosum ☼

Saattiefe: 7–10 cm | Pflanzabstand: 50 × 30 cm

Nährstoffbedarf: **hoch**
Familie: **Nachtschattengewächse, Anbauabstand 4 Jahre**
Boden: **fast jeder Gartenboden, keine Staunässe!**
Pflanzung: **Vorkeimen Ende Februar/Anfang März, Auspflanzen ab April**
Kulturdauer: **Frühkartoffeln 8–10 Wochen, Lagerkartoffeln 12–16 Wochen ab Pflanzung**

Auch Biokartoffeln sind nicht teuer, und man kann sie rund ums Jahr kaufen. Warum sich also die Mühe machen und die Knollen selbst ziehen? Nur ein Vorschlag: wegen der hübschen, je nach Sorte weißen, lila- oder rosafarbenen Blüten. Außerdem sind vor allem dünnschalige, früh reifende Kartoffelsorten eine Delikatesse. Frisch geerntet, entfalten gerade alte Sorten eine erstaunliche Geschmacksvielfalt, nicht zu vergessen ihre speziellen Kocheigenschaften. Es lohnt sich, zumindest für die Lieblingsgerichte die jeweils passende Sorte auszuwahlen.

ANBAU/PFLEGE: Kartoffeln werden grundsätzlich gepflanzt. Bio-Pflanzkartoffeln vieler traditioneller und historischer Sorten kauft man am besten von Betrieben, die zertifiziertes Pflanzgut anbieten. Zum Vorkeimen legt man die Knollen 4–5 Wochen vor dem Pflanztermin an einem 10–15 °C warmen Ort in Eierkartons oder flachen Obstkisten aus. Man stellt sie an einen hellen, aber nicht der vollen Sonne ausgesetzten Platz. Auf leichten Böden können Sie schon Mitte April auspflanzen, bei schwerem Boden, der lange feucht bleibt, 1–2 Wochen später. Bereits einige Tage nach dem Pflanzen beginnt das Anhäufeln der Reihen. Dabei schichtet man die Erde zu ca. 20–30 cm hohen Dämmen auf. Dies verhindert das Vergrünen der Kartoffeln und erhöht die Erntemenge. Vor allem zu Beginn der Kultur aufkeimende Unkräuter entfernen.

› Pflanzgefäße für Kartoffeln sollten mindestens 30 l fassen. Dabei nur zwei Knollen pro Sack auspflanzen.

☼ sonnig ◑ halbschattig (mindestens 6 Std. Sonne am Tag)

› Traditionelle Sorten sind oft bunt oder unregelmäßig geformt.

Arbeiten Sie bereits im Herbst Kompost ins zukünftige Kartoffelbeet ein und decken Sie das Beet mit einer Mulchschicht ab. Im Frühjahr ergänzt man das Nährstoffangebot mit langsam wirkenden Hornspänen.
AUF DEM BALKON: Lohnend ist nur der Anbau von Frühkartoffeln. Vorgekeimte Pflanzkartoffeln in flache Kisten mit Aussaaterde legen und darin bewurzeln lassen. Im April pflanzen Sie höchstens zwei Knollen in mindestens 30 l fassende Töpfe, die zur Hälfte mit humusreicher Garten- oder Pflanzerde gefüllt sind. Sobald die ersten Blätter erscheinen, die Töpfe nach und nach mit Erde auffüllen. Die Erde während des Wachstums feucht halten, Staunässe vermeiden.
SCHÄDLINGE UND KRANKHEITEN: Kartoffelkäfer, Schnecken, Kraut- und Knollenfäule durch Pilzbefall, Kartoffelschorf durch Bakterienbefall
BEETPARTNER: Buschbohnen, die zwischen den Kartoffelreihen angebaut werden
GUTE SORTEN: **sehr früh** 'La Ratte', 'Belle de Fontenay'; **früh bis sehr früh** 'Rosara'; **mittelfrüh** 'Charlotte', 'Granola', 'Linzer Delikatesse', 'Violetta'; **spät** 'Orla'; **spät bis sehr spät** 'Golden Wonder'; **festkochend** 'Belle de Fontenay', 'Charlotte', 'La Ratte', 'Linzer Delikatesse'; **vorwiegend festkochend** 'Violetta': Schale und Fleisch in Violett, 'Rosara', 'Granola'; **vorwiegend festkochend bis mehlig** 'Orla'; **mehlig** 'Golden Wonder'

ERNTE UND VERWENDUNG: Frühkartoffeln erntet man, sobald sich das Laub gelblich färbt. Sind die Knollen groß genug, können Sie schon vorher mit der Grabegabel die jeweils benötigte Menge für die Küche herausheben. Ertrag pro Staude: ca. 0,5–1 kg. Die übrigen Sorten sind ca. 14 Tage nach Absterben der Blätter und Umknicken der Stängel erntereif. Vor dem Einlagern gut abtrocknen lassen und möglichst kühl, aber frostfrei, dunkel und getrennt von Obst oder anderen Gemüsearten aufbewahren.
INHALTSSTOFFE: Festkochend, vorwiegend festkochend oder mehlig – das hängt jeweils von der eingelagerten Stärke ab. Mehlig kochende Kartoffeln enthalten sehr viele, sehr große Stärkekörnchen, die beim Quellen viel Wasser aufnehmen können – ideal für ein luftiges Püree oder eine sämige Suppe.
Bei festkochenden Knollen sind die Körnchen klein, die Zellwände fest, die Kartoffeln lassen sich gut in Scheiben oder Würfel schneiden oder zu Pommes frites verarbeiten. Vorwiegend festkochende Sorten eignen sich gut für Pell-, Brat- oder Salzkartoffeln.
TIPP: Kartoffelkäfer lassen sich fallen, wenn man die Stauden berührt. Das erleichtert das Absammeln nach einer kühlen Nacht, weil dann die Käfer noch träge sind. Der Fraß der Larven lässt sich eindämmen, wenn man Blätter und Larven mit Algenkalk bestäubt.

› Das Vorkeimen von Kartoffeln ist besonders für Kinder spannend, denn unter Lichteinfluss erscheinen bald die festen, lila-grünen Keime.

Chinakohl

Brassica rapa subsp. *chinensis* ☼

Saattiefe: 2 cm | Pflanzabstand: 40 × 30 cm

ANBAU/PFLEGE: Chinakohl gehört zu den durstigsten Gemüsearten, und weil die Pflanzen nur flach wurzeln, ist eine Mulchschicht schon fast ein Muss! Das Einharken von Algenkalk und ein Esslöffel Alkenkalk im Pflanzloch sind Erfolgstipps erfahrener Biogärtner, ebenso die Nachdüngung mit verdünnter Beinwelljauche oder speziellem Gemüsedünger, sobald die Pflanzen Köpfe entwickeln. Chinakohl liebt feuchte Luft und mäßige Temperaturen.
SCHÄDLINGE UND KRANKHEITEN: Erdflöhe, Kohlhernie durch Pilzbefall, Kohlfliege
BEETPARTNER: Rote Bete, Salat, Mangold, Endivie, Sellerie
GUTE SORTEN: 'Auslese', 'Atsuko', 'Granat', 'Kaito', 'Kilakin' F1: bei Problemen mit Kohlhernie
ERNTE UND VERWENDUNG: Chinakohl lässt sich auch nach der Ernte in einem kühlen Keller oder im Kühlschrank bis zu 4 Wochen aufbewahren. Der feine Geschmack kommt am besten zur Geltung, wenn man sparsam würzt.

Spitzkohl

Brassica oleracea var. *capitata f. alba subv. conica* ☼

Saattiefe: 1,5–2 cm | Pflanzabstand: 50 × 50 cm

ANBAU/PFLEGE: Die Vorkultur kann ab Ende Februar erfolgen und dauert etwa 4 Wochen, mehr Zeit sollten die Jungpflanzen auch nicht im Topf verbringen. Setzlinge mit mehr als 4 Laubblättern neigen zum Schießen! Ab April bis Ende Juni ist die Direktsaat möglich. Zusätzlich zur Kompostgabe bei der Beetvorbereitung (ca. 5 l/m2) ungefähr 4 Wochen nach dem Auspflanzen und nochmals bei beginnender Kopfbildung nachdüngen, anschließend die Pflanzen leicht anhäufeln.
SCHÄDLINGE UND KRANKHEITEN: Blattläuse, Kohlweißling, Kohlhernie durch Pilzbefall, weitere Pilzerreger
BEETPARTNER: Kapuzinerkresse (wehrt Kohlweißlinge ab)
GUTE SORTEN: **Sommerspitzkohl** 'Chateaurenard': Ernte schon im Mai, 'Eersteling', 'Kalibos': rotblättrig; **Spätkohl** 'Filderkraut'
ERNTE UND VERWENDUNG: Sommerspitzkohl ist schon nach 9–12 Wochen erntereif, Filderkraut nach ca. 20 Wochen. Jungen Spitzkohl roh für Salat verwenden oder bissfest dünsten. 'Filderkraut' wird auch gerne zu Sauerkraut verarbeitet.

☼ sonnig ◐ halbschattig (mindestens 6 Std. Sonne am Tag)

Butterkohl

Brassica oleracea var. *sabauda* ☼ ◑

Saattiefe: 1–2 cm | Pflanzabstand: 50 × 50 cm

ANBAU/PFLEGE: Butterkohl wird wie Weiß- oder Rotkohl (→ Seite 115) kultiviert. Er gedeiht am besten auf nährstoff- und humusreichen, kalkhaltigen Böden. Die Pflanzen entwickeln nur lockere Köpfe, die mal größer, mal kleiner ausfallen – für den Erwerbsanbau nicht akzeptabel, dafür ist der feine Kohl ideal für Gemüsegärten! Besonders gut entwickelt sich Butterkohl in einem Hoch- oder Hügelbeet.
SCHÄDLINGE UND KRANKHEITEN: Kohlweißling, Kohlhernie durch Pilzbefall, Mehlige Kohlblattlaus
BEETPARTNER: Kopfsalat, Schnittsellerie, Tomaten, Spinat, Stangenbohnen, Mangold
GUTE SORTEN: 'Goldberg', eine historische Sorte
ERNTE UND VERWENDUNG: Laufend die größeren Blätter von außen nach innen pflücken und später die locker gewickelten Köpfe schneiden. Tipp: Die Blätter blanchieren und statt Spinat in der Lasagne verwenden.
INHALTSSTOFFE: Der leicht verdauliche, Vitamin-C-reiche Kohl ist eine fast vergessene Delikatesse, er enthält wertvolles pflanzliches Eiweiß und reichlich Mineralien.

Asia-Salat

Brassica juncea und *Brassica rapa* subsp. ☼ ◑

Saattiefe: 1–2 cm | Reihenabstand: 15–20 cm

ANBAU/PFLEGE: Als Asia-Salat bezeichnet man verschiedene rasch wachsende Senfkohlarten. Säen Sie zwischen April und September im Abstand von 2–3 Wochen in nährstoffreiche Erde und halten Sie das Beet gleichmäßig feucht. Wegen der kurzen Kulturdauer erübrigt sich zusätzliches Düngen.
AUF DEM BALKON: Asia-Salate lassen sich bestens in Kästen und Schalen mit hochwertiger Bio-Balkonerde kultivieren. Das feine Blattgemüse gibt es auch als Saatband in Päckchen mit bis zu vier verschiedenen Arten oder Sorten.
SCHÄDLINGE UND KRANKHEITEN: Erdflöhe
BEETPARTNER: Spinat, Schnittsalat, Radieschen
GUTE SORTEN: 'Green in Snow', 'Misome', 'Mizuna', 'Red Giant' (Unterschiede in der Blattform und Blattfarbe)
ERNTE UND VERWENDUNG: Ernte nach 3–7 Wochen. Die kresseartigen Blätter schmecken als Salat oder gedünstet.

Knollenfenchel

Foeniculum vulgare ☼

Saattiefe: 1 cm | Pflanzabstand: 30 × 25 cm

ANBAU/PFLEGE: Knollen- oder Gemüsefenchel verlangt warme, mäßig feuchte, lockere und nährstoffreiche Böden. Die ersten Saaten (ab März) gelingen nur mit neueren Sorten und bei warmer Vorkultur in Töpfen (Anzuchtdauer 4–5 Wochen). Auspflanzen sollte man erst, wenn sich der Boden auf ca. 18 °C erwärmt hat. Pflanzt man zu tief, bleiben die Knollen klein und flach. Ab Mai ist die Aussaat ins Beet möglich. Traditionell ist Fenchel ein Herbstgemüse und wird im Juli gesät. Die Kompostgabe bei der Beetvorbereitung zu Beginn der Knollenbildung mit Horngrieß oder Gemüsedünger ergänzen.
SCHÄDLINGE UND KRANKHEITEN: Echter Mehltau, Botrytis, Möhrenfliege, Wanzen, Wurzelälchen
BEETPARTNER: Gurken, Erbsen, Salat, Endivie, Radicchio
GUTE SORTEN: **Sommersorten** 'Fino', 'Perfektion'; **traditionelle Herbstsorte** 'Sirio': Aussaat ab Mitte Juni
ERNTE UND VERWENDUNG: Gesäter Fenchel ist nach 13 bis 14 Wochen erntereif. Im Salat oder gedämpft stets ein Genuss!

Zuckermais

Zea mays ☼

Saattiefe: 2–3 cm | Pflanzabstand: 50 × 20 cm

ANBAU/PFLEGE: Erst seit wenigen Jahren gibt es samenfeste, biologisch-dynamische Sorten. Lehmige, humose Böden und warme Lagen ergeben dicke Kolben mit vielen Körnern. In Furchen gesäter Mais ist standfester. In kühleren Lagen zieht man die Pflanzen Mitte April in Töpfen vor und setzt sie Anfang Mai ins Freie. Tief pflanzen, damit sich viele Seitenwurzeln entwickeln. Bei der Beetvorbereitung arbeitet man 3 l/m² Kompost ein, sobald die männlichen Blüten (Fahnen) erscheinen, kalireichen Dünger.
SCHÄDLINGE UND KRANKHEITEN: Blattläuse, Maiszünsler (nur bei zu enger Fruchtfolge)
BEETPARTNER: Bohnen, Zucchini, Sonnenblumen
GUTE SORTEN: **frühe Sorte** 'Damaun'; **mittelfrühe Sorte** 'Mezi'; **mittelspäte Sorte** 'Tramunt'
ERNTE UND VERWENDUNG: 90–100 Tage dauert es bis zur Ernte, jede Pflanze bildet nur 2–3 Kolben. Die Körner sollen bereits gelb, aber noch weich sein.

☼ sonnig ◑ halbschattig (mindestens 6 Std. Sonne am Tag)

Sellerie

Apium graveolens

Saattiefe: 0,5 cm | Pflanzabstand: 40 × 40 cm

ANBAU/PFLEGE: Knollen- und Stauden- oder Bleichsellerie sät man zunächst in Saatschalen, pikiert die Sämlinge dann in kleine Töpfe und pflanzt ab April in ein Beet mit tief gelockerter, feinkrümeliger Erde. Beide Arten müssen häufig gegossen, gehackt und im Juli und eventuell im September mit kalireichem Gemüsedünger nachgedüngt werden.
SCHÄDLINGE UND KRANKHEITEN: Selleriefliege, Septoria-Blattflecken und Sellerieschorf durch Pilzbefall
BEETPARTNER: Buschbohnen, Brokkoli, Lauch, Tomaten
GUTE SORTEN: **Knollensellerie** 'Bergers weiße Kugel' und 'Ortho'; **Staudensellerie** 'Tall Utah' und 'Solid White'
ERNTE UND VERWENDUNG: Knollensellerie kann man ab Juni als Suppensellerie ernten, ab September zum Sofortverbrauch. Zum Einlagern müssen die Knollen bis Oktober ausreifen. Stangensellerie reift von Juli bis September.
INHALTSSTOFFE: Verschiedene B-Vitamine fördern die Konzentration und senken den Stress-Level.

Neuseeländer Spinat

Tetragonia tetragonioides

Saattiefe: 1–2 cm | Pflanzabstand: 50 × 40 cm

ANBAU/PFLEGE: Neuseeländer Spinat ist das ideale Blattgemüse für den Sommeranbau. Anders als echter Spinat wächst er auch bei Hitze munter weiter und liefert eine Dauerernte bis zum Frost. Die hartschaligen Samen keimen besser, wenn man sie vor der Aussaat Anfang April 1–2 Tage in Wasser quellen lässt. Nach 2–3 Wochen erscheinen die ersten Blättchen. Nach dem Auspflanzen ab Mitte Mai entwickeln sie sich zu ca. 1 m hohen Büschen mit halb aufrecht wachsenden Sprossen.
SCHÄDLINGE UND KRANKHEITEN: Vereinzelt Blattläuse, Krankheiten sind bei uns nicht bekannt.
BEETPARTNER: Tomaten, Stangenbohnen
ERNTE UND VERWENDUNG: Ab Ende Juni kann man alle 1–2 Wochen ernten. Dabei kappt man die Triebspitzen nach 3–5 Blättern, um die Verzweigung zu fördern. Erntet man zu selten, werden die Blätter hart.
TIPP: Ernteüberschüsse lassen sich wie Spinat einfrieren.

HERBST

Auch im Herbst passiert noch einiges im Gemüsegarten. Wenn die letzten Tomaten abgeerntet sind und die Erde in der milden Luft warm und würzig duftet, laufen Kohl und Kürbisse zur Hochform auf.

Kühle Nächte, volle Körbe

Die Nächte werden kühler, Spinnfäden fliegen durch die Luft und zeigen, dass bald der Herbst ins Land zieht. Höchste Zeit, rasch noch ein paar Salate zu säen, den letzten winterfesten Kohl zu pflanzen und die Frühbeetfenster zu putzen.

› Endiviensalate, rotstieliger Mangold und Buschbohnen bereichern im Herbst den Speisezettel.

Die Beete fein säuberlich abräumen und umgraben? Das war früher und gefällt allenfalls den Nachbarn. Biogärtner nutzen frei werdende Flächen lieber für eine Bodenkur durch Gründüngung (→ Seite 38/39) oder für Wintergemüse. Oder für beides: Winterspinat und Feldsalat sind für Boden und Küche gleich gut, ebenso wie die fast vergessenen Wintererbsen.

Bereiten Sie die Winterernte vor

Nutzen Sie neben den Freilandbeeten auch frei gewordene Flächen unter Glas und Folie.
Anfang August/Anfang September säen Sie neben Winterspinat und Feldsalat noch Löffelkraut, Winterkopfsalat, Radieschen, Rettich und Rucola.

Samen sammeln

Von einjährigen **Sommerblumen**, wie Ringelblumen und Tagetes, aber auch von Kopfsalat und Spinat können Sie leicht eigenes Saatgut gewinnen. Lassen Sie dafür die Blütenstände von ein paar schönen, gesunden Pflanzen abreifen, bis die Samen verbräunen. Diese ernten Sie an einem sonnigen Tag. Salatsamen müssen vor dem Aufbewahren gereinigt werden. Unfruchtbare, »taube« Samen sind leichter und lassen sich durch Sieben im Wind von den schwereren, keimfähigen Samen trennen. Die Samen von Dill, Petersilie und Gewürzfenchel fallen bei Wind und Regen leicht aus. Schneiden Sie daher die kompletten Dolden, sobald sich die Körner braun färben. Dann lassen Sie diese an einem warmen Ort nachtrocknen.

Des Weiteren können Endivien-, Zuckerhut- und Radicchio-Jungpflanzen ins Beet. Für den Anbau an kürzeren Tagen mit wenig Licht eignen sich nur schnell reifende Sorten mit geringem Wärmebedarf (→ Porträts ab Seite 108) in den sonnigsten Gartenbeeten. Außerdem kommen jetzt noch Steckzwiebeln und Knoblauchzehen für die Sommerernte in die Erde. Auch Rhabarber wird jetzt gepflanzt.

Frühbeet und Folientunnel reaktivieren

Ab September beginnt im Frühbeet die Nachsaison mit der Saat von Winterpostelein, Radieschen und Mairüben sowie der Pflanzung von Endivien. Feldsalat sorgt im Frühbeet oder Folientunnel für Ernte in schneereichen Zeiten. Gut zu wissen: Bei Versuchen der Bayerischen Landesanstalt für Pflanzenbau wurden Biofeldsalate aus ökologischem Saatgut weniger von Mehltau befallen als Pflanzen derselben konventionell vermehrten Sorten.

Herbst- und Wintergemüse pflegen

Bei Rosenkohl unterscheidet man Sorten für die Herbsternte und Züchtungen, die auch hartem Frost trotzen. Wie dick die Röschen werden, ist auch eine Frage der Wasserversorgung. Wie bei Rote Bete und Sellerie gilt: Bei Trockenheit immer großzügig gießen. Oft wird empfohlen, Rosenkohl im September zu »köpfen«, also den Blattschopf an der Spitze des Mitteltriebs zu kappen, damit die Stauden größere Knospen bilden. Das gilt aber nur für ältere Sorten. Der Nachteil: Bleibt das Wetter mild, wachsen vor allem die oberen Röschen übermäßig, werden locker und damit wertlos, und die Pflanzen sind weniger widerstandsfähig gegen Frost. Lassen Sie auch die Blätter am Rosenkohl stehen, die im Laufe des Winters fleckig werden und verbräunen – sie legen sich bei Schnee und Eis schützend über die Röschen.

› Rosenkohl legt jetzt noch einmal kräftig an Wachstum zu. Die frostfesten Stauden bleiben den ganzen Winter auf dem Beet und liefern bis ins Frühjahr vitaminreiche Röschen.

Gut geschützt mit Vlies & Co.

Die Herbstsonne sorgt für warme Tage und ideale Bodentemperaturen, doch die Nächte können schon empfindlich kühl werden. Versehen Sie die Beete mit wärmendem Mulch und halten Sie schon einmal Vlies und Folie für den ersten Frost bereit.

Viele Gartenbesitzer stöhnen ein wenig angesichts der Laubberge, die der Herbstwind jetzt von Bäumen und Sträuchern fegt. Als schützende Decke für die Beete mit überwinterndem Wurzelgemüse kommt der Blättersegen jedoch gerade recht. Unter einer dicken Mulchschicht bleiben die Bodenlebewesen aktiv und verwandeln bis zum Frühjahr den größten Teil der Pflanzenreste in dunklen Humus. Was man nicht im Gemüsegarten verwerten kann, wird zu wertvollem Laubkompost (→ Seite 33).

Schön warm einpacken!

Gartenvlies besteht aus fein verwebten, verwitterungsfesten Acrylfasern. Radieschen, Salat und Möhren sind darunter bis –5 °C vor dem Erfrieren sicher.

- Legen Sie das Vlies möglichst locker auf, damit sich auch höhere Gemüse wie Kohlrabi oder Lauch ungestört entwickeln können. Faustregel: Bei einer Beetbreite von 1,20 m sollte das zur Abdeckung vorgesehene Vlies mindestens 2 m breit sein.
- Zur Überbrückung einer härteren Frostperiode bedeckt man das Beet mit zwei Lagen normalem Vlies und nimmt die obere Lage baldmöglichst wieder ab. Dickeres Wintervlies isoliert zwar besser, lässt aber wenig Licht durch und ist gerade für Spinat oder Rucola wegen der möglichen Nitratanreicherung nur mit Einschränkung zu empfehlen.
- Gehäckselte Erntereste und Küchenabfälle können Sie als Flächenkompost auf Beeten ausbringen. Lockern Sie vorher die Erde ein wenig auf. Dann

› Lichtdurchlässiges Wintervlies schützt Endivien und andere Herbstsalate vor dem ersten Frost. Bei milder Witterung nimmt man es zum Lüften ab.

› Eine dicke Mulchschicht aus Stroh verhindert, dass der Boden auskühlt.

können die Bodenlebewesen schneller arbeiten, und die durch Zersetzung frei werdenden Nähr- und Humusstoffe werden besser aufgenommen.

Wintergemüse frisch aus dem Beet

Lassen Sie sich mit der Ernte von Wurzelgemüse Zeit: Gerade im Oktober legen die Knollen noch einmal kräftig an Gewicht und Aroma zu. Doch leider locken sie auch hartnäckige Wühlmäuse an. Wer Fraßschäden entdeckt, sollte Rüben rasch abernten.

- Brokkoli, Sellerie, Kohlrabi, Kopfkohl, Rettiche und gut ausgereifte Rote Bete überstehen unter einer Vliesabdeckung Frost bis zu –7 °C.
- Bei Winterspinat, Feldsalat, Lauch und Wurzelpetersilie genügt eine Abdeckung mit Tannen- oder Fichtenreisig. Gefrorene Gemüse aber nicht ernten und die Blätter möglichst nicht berühren.
- In milden Regionen können Rot- und Weißkohl bis Wintereinbruch auf dem Beet bleiben. Temperaturen unter –3 °C vertragen sie nicht.
- Wirsing trotzt Frost bis –10 °C, bis –20 °C halten Rosenkohl und Grünkohl aus. Beide Gemüse entfalten sogar bei Frost erst den vollen Geschmack. Bei wechselhaftem Wetter abdecken. Nassen Schnee abschütteln, sonst brechen die Triebe.
- Robuste Möhrensorten und die frostharten Pastinaken überwintern mit einer dicken Schicht aus Herbstlaub oder Stroh. Die Möhrenblätter sollten aber mindestens eine Handbreit herausschauen.
- Zuckerhut ist erstaunlich kältefest und schmeckt immer besser, je länger die Köpfe draußen stehen. Bei mildem, aber nassem Herbst- und Winterwetter können die äußeren Blätter und der Strunk faulen. Am besten überbaut man die Reihen mit einem offenen Folientunnel, bei dem man die Folie auf der Längsseite an den Metallbögen etwas hochschieben und so für Durchlüftung sorgen kann.
- Mangold wurzelt inzwischen so tief, dass die Pflanzen die ersten Fröste unter Reisigabdeckung gut überstehen und noch immer saftige Blätter für die Küche liefern. Erst wenn sich eine längere Kälteperiode abzeichnet, schneidet man das Laub bis auf die Herzblätter ab und mulcht das Beet mit einer Mischung aus Herbstlaub, Stroh und Reifkompost. Im Frühling treiben die Pflanzen wieder aus.

So lagern Sie Wurzelgemüse ein

Ein **perfektes Winterlager** für Möhren, Sellerie, Meerrettich, Rote Bete und andere Wurzelgemüse ist die gute alte Erdgrube, auch Erdmiete genannt. Dafür heben Sie eine ca. 50–60 cm tiefe Mulde aus. Legen Sie Boden und Ränder als Schutz vor Mäusen mit engmaschigem Drahtgeflecht (Kaninchendraht) aus. Streuen Sie eine 10–20 cm dicke Schicht Stroh oder trockenes Laub in die Grube. Das Laub der Wurzelgemüse drehen Sie ab. Dann schichten Sie sie in die Grube. Das Ganze decken Sie mit einer Schicht Stroh und schweren Holzbrettern ab. So kommen Sie bei Bedarf leicht an Nachschub heran.

Herbstgemüse

Der Sommer neigt sich dem Ende zu, doch im Gemüsegarten ist immer noch Saison. Einige Aussaaten, die man im Sommer glatt verpasst hatte, kann man jetzt noch nachholen. Außerdem: Wenn Sie im Herbst Salat säen, können Sie bis zum Frühjahr ernten.

Zichoriensalate

Cichorium intybus var. *foliosum*, *C. endivia* ☼

Saattiefe: 1 cm | Pflanzabstand: 30 × 25 cm

Nährstoffbedarf: mittel
Familie: Korbblütler, Anbauabstand 4 Jahre
Boden: tief gelockert, humusreich, lehmig
Aussaat: Vorkultur ab Mitte Mai, Direktsaat von Juni bis Juli, anschließend vereinzeln
Pflanzung: Juni und Juli
Kulturdauer: 10–14 Wochen ab Aussaat

› Endiviensalat

Zu den zartbitteren Zichoriensalaten gehören nicht nur Chicorée, Radicchio und Zuckerhut, sondern auch Endivie und Frisée. Lange musste man sich bei der Sortenwahl ziemlich bescheiden, doch in der Zwischenzeit sind auch fast vom Markt verschwundene Raritäten wieder zu haben, wie z. B. 'Variegata di Castelfranco'. Neben den Bitterstoffen gibt es eine weitere Gemeinsamkeit: Durch Lichtentzug, also Bleichen, werden die Blätter und Köpfe milder und zarter. Wer dafür keine Zeit hat, wählt entweder selbstbleichende Sorten oder pflanzt einfach ein wenig dichter. Neuerdings gibt es auch Züchtungen, die fast keine Bitterstoffe mehr enthalten und damit leider auch einen Teil ihres gesundheitlichen Werts und das charakteristische Aroma verloren haben.

ANBAU/PFLEGE: Zichoriensalate wachsen langsamer als andere Blattgemüse, brauchen nach der Pflanzung aber kaum Pflege. In kleinen Gärten zieht man die benötigten Setzlinge im Freien in Töpfen vor und setzt sie 3–4 Wochen später in das vorbereitete Beet, bevor sie Pfahlwurzeln bilden. Zusätzliche Nährstoffgaben während der Wachstumszeit sind meist nicht nötig – im Gegenteil, bei zu viel Stickstoff im Boden bilden die Pflanzen nur lockere Rosetten. Ab beginnender Kopfbildung steigt der Wasserbedarf.
Endivie und der stark gekrauste Frisée bilden dicke grüne Blattschöpfe mit gelben Innenblättern. Der gleichfalls beliebte Radicchio entwickelt zu Beginn seiner Beetkarriere grüne Sommerblätter, diese sterben im Herbst ab. An ihrer Stelle erscheinen die je nach Sorte länglichen oder kugelrunden roten Köpfe mit den dicken, weißen Blattrippen. Die in Italien beliebte wetterfeste Sorte 'Grumolo verde' bleibt grün. Chicorée hebt man im Oktober samt Pfahlwurzel aus dem Boden, schneidet die Blätter ab und lagert die

☼ sonnig ◑ halbschattig (mindestens 6 Std. Sonne am Tag)

› Radicchio 'Palla Rossa'

› Zum Bleichen von Radicchio oder Endivie auf dem Beet gibt es dekorative Tonglocken.

Wurzeln an einem möglichst kühlen, frostfreien Ort. Nach Bedarf holt man sie ins Haus, stellt sie dicht an dicht in große, bis zur Häfte mit Erde gefüllte Töpfe und deckt sie mit einem schwarzen Eimer vollständig ab. In einem 15–18 °C warmen, dunklen Raum kann man nach 3–5 Wochen helle Sprosse ernten.

SCHÄDLINGE UND KRANKHEITEN: Blattläuse, Falscher Mehltau und Blattflecken durch Pilzbefall

BEETPARTNER: Neuseeländer Spinat, Spinat, Rettiche, Knollenfenchel

GUTE SORTEN: **Endivie** 'Escariol'; **Frisée** 'Wallone'; **Radicchio** 'Grumolo verde', 'Palla Rossa', 'Treviso': rote, längliche Blätter, 'Variegata di Castelfranco'; **Zuckerhut** 'Uranus'; **Chicorée** 'Tardivo'

ERNTE UND VERWENDUNG: Erntereife Köpfe von Radicchio, Endivie und Zuckerhut können bis zum Frosteinbruch auf dem Beet bleiben, in milden Lagen länger. Dann zieht man sie mit Strunk aus dem Boden und schlägt sie im Frühbeet in Erde ein. Radicchio, vor allem 'Treviso', unbedingt »italienisch«, also in Butter und Olivenöl gedünstet, probieren! Roh serviert man die Salate mit Olivenöl, Salz, Balsamico.

INHALTSSTOFFE: Der Bitterstoff Intybin fördert den Stoffwechsel, regt die Verdauung an und stärkt die Blutgefäße. Die Vitamine A, C und B, Folsäure, Magnesium und weitere wichtige Mineralien machen Zichoriensalate zum abwehrstärkenden Genuss.

TIPP: Zum Bleichen gibt es mehrere Methoden. Das Anhäufeln von bis zu 20 cm hohen Erdwällen sorgt nicht nur für den nötigen Lichtentzug, sondern schützt auch vor Frost. Das Abdecken mit Bleichglocken (→ Foto oben), Einwickeln der Köpfe in Zeitungspapier oder schwarzes Mulchvlies ca. 10 Tage vor der beabsichtigten Ernte erhöht den Anteil gelber Blätter. Am aufwendigsten ist die Treiberei. Dabei verfährt man genauso wie bei Chicorée (→ links).

Feldsalat

Valerianella locusta ☼ ◑

Saattiefe: 1–2 cm | Reihenabstand: 10–15 cm

ANBAU/PFLEGE: Feldsalat verlangt ein feinkrümeliges, gut abgesetztes, unkrautfreies Saatbett. Für die Ernte ab September sät man von Mitte Juli bis August. Septembersaaten keimen zwar zügig, aber das Wachstum stoppt bei Temperaturen unter 8 °C. Ernten kann man dann erst im Frühjahr. Tipp: Hat man im Spätsommer noch keinen Platz für Feldsalat, sät man in Topfplatten (3–5 Samen/Topf) und pflanzt die Rosetten später büschelweise im Abstand 8 × 8 cm aus. Wer auch bei Schnee und Frost frischen Feldsalat schneiden will, deckt die Beete mit Vlies ab.
SCHÄDLINGE UND KRANKHEITEN: Echter Mehltau, Virus-Erkrankungen, Drahtwürmer
BEETPARTNER: Knoblauch, Winterzwiebeln
GUTE SORTEN: 'Elan', 'Verte de Cambrai', 'Vit'
ERNTE UND VERWENDUNG: Schneiden Sie die Rosetten mit einem scharfen Messer knapp über dem Wurzelansatz ab, sonst fallen die Blätter auseinander.

Winterpostelein

Montia perfoliata ◑

Saattiefe: 1 cm | Reihenabstand: 10–15 cm

ANBAU/PFLEGE: Der Anbau von Winterpostelein oder Winterportulak ähnelt dem von Feldsalat. Die Samen keimen aber erst bei Temperaturen unter 12 °C . Ideal ist die Kultur im Frühbeet oder Folientunnel. Bei der Vorkultur in Töpfen legt man 5–8 Samenkörner pro Topf aus und pflanzt später im Abstand von 8 × 12 cm ins Beet aus. Im Frühbeet lüften, sobald die Temperaturen über 15–18 °C steigen! Bei Minusgraden wächst Postelein nicht weiter, übersteht aber Kälteperioden unter Vlies. Lässt man die Pflanzen im Frühjahr blühen, säen sie sich selbst aus.
AUF DEM BALKON: Winterportulak gehört zu den Schwachzehrern und gedeiht am besten in nährstoffarmer Kräutererde.
SCHÄDLINGE UND KRANKHEITEN: keine bekannt
ERNTE UND VERWENDUNG: Erster Schnitt nach 6–9 Wochen. Dabei sollten die Stiele nicht länger als 5 cm sein. Schneidet man nicht zu tief, kann man bis zum Blühbeginn mehrmals ernten. Die Blätter sind zart und viel milder als Sommerportulak.

☼ sonnig ◑ halbschattig (mindestens 6 Std. Sonne am Tag)

› Wurzelpetersilie

› Pastinake

Pastinake

Pastinaca sativa

Saattiefe: 2–3 cm | Reihenabstand: 40 cm

Nährstoffbedarf: **mittel**
Familie: **Doldenblütler, Anbauabstand 4–5 Jahre**
Boden: **lehmige, humusreiche bis sandige Erde**
Aussaat: **Direktsaat ab Anfang März bis Anfang April, in der Reihe auf 10 cm vereinzeln**
Kulturdauer: **35–50 Wochen**

Pastinaken waren aus den Gemüsebeeten schon fast verschwunden. Als typisches Ökogemüse haben sie sich nun Feld und Beet zurückerobert.

ANBAU/PFLEGE: Die Kultur ist vergleichbar mit der von Möhren. Wichtig ist ein mindestens 30 cm tief gelockerter Boden. Auf sandigen Böden sät man bis zu 4 cm tief, damit die Keimlinge nicht austrocknen. Für schwere Böden eignen sich kürzere Rüben. Während der Hauptwachstumszeit von Juli bis Oktober sollten die tieferen Bodenschichten immer feucht sein, oberflächliche Trockenheit schadet nicht – also nur ein- bis zweimal wöchentlich, aber kräftig wässern. Nach sommerlichem Starkregen die verschlämmte Erde zwischen den Reihen oberflächlich auflockern.

SCHÄDLINGE UND KRANKHEITEN: Möhrenfliege
BEETPARTNER: Spinat, Zwiebeln (günstige Vorkulturen: Starkzehrer wie Kartoffeln oder auch verschiedene Kohlsorten)
GUTE SORTEN: 'Halblange Weiße': besonders frosthart, 'Aromata', 'White King': kurze Rüben
ERNTE UND VERWENDUNG: Ab Oktober kann man die Rüben nach Bedarf direkt vom Beet ernten. Man hebt sie mit der Grabgabel etwas an und zieht sie dann von Hand aus der Erde. Die Sorte 'Aromata' eignet sich besonders gut für Rohkostsalate.
INHALTSSTOFFE: Ätherische Öle verleihen Pastinaken einen fein-würzigen, süßlichen Geschmack. Die Wurzeln sind reich an Folsäure und Mineralstoffen, insbesondere Kalium, Kalzium und Magnesium.
INFO: Wurzelpetersilie und Pastinaken werden am Marktstand oft verwechselt. Wurzelpetersilie wird vergleichbar kultiviert, die schlanken Rüben bleiben mit ca. 20 cm Länge aber deutlich kleiner. Pastinaken können bis zu 40 cm lang und 500 g schwer werden. Verwechslungen beim Einkauf lassen sich selbst bei kleineren Exemplaren leicht ausschließen: Bei Pastinaken ist der Blattansatz leicht vertieft, während er sich bei der Petersilienwurzel etwas nach oben wölbt. Zum Antreiben von frischem Petersiliengrün kann man ein paar Wurzeln im Herbst in höhere Töpfe setzen und im Winter nach und nach ins Haus holen.

Winterheckenzwiebel

Allium fistulosum ☼

Saattiefe: 1–2 cm | Pflanzabstand: 30 × 30 cm

ANBAU/PFLEGE: Winterheckenzwiebeln bilden dicke Horste mit saftigen Röhrenblättern. Die Horste sind mehrjährig und völlig frosthart. Vorgezogene Pflanzen vom Gärtner setzt man im Spätherbst oder Frühjahr. Zu diesem Zeitpunkt können Sie vorhandene Horste auch durch Teilen vermehren. Als Düngung genügt eine Schaufel voll Kompost im Frühjahr, in sommerlichen Trockenperioden sollten Sie die Pflanzen alle 3 Tage gießen.
SCHÄDLINGE UND KRANKHEITEN: Zwiebelminierfliege, Pilzbefall durch Zwiebelrost
BEETPARTNER: Erdbeeren, Kopf- und Pflücksalat, Möhren, Sellerie, Zichoriensalat
ERNTE UND VERWENDUNG: Die über 60 cm langen Röhrenblätter ersetzen in der Küche von April bis November Frühlingszwiebeln und Schnittlauch und werden fein geschnitten oder gehackt verwendet. Die nur schwach ausgebildeten Zwiebeln werden dagegen kaum genutzt.
TIPP: Pflanzen in Töpfen auf dem Fensterbrett können Sie auch im Winter beernten. Dafür als Treibhausersatz eine Kunststoff- oder Glasglocke über den Topf stülpen.

Schnittknoblauch

Allium tuberosum ☼

Saattiefe: 0,5–1 cm | Pflanzabstand: 20 × 25 cm

ANBAU/PFLEGE: Schnittknoblauch, auch Chinesischer oder Ewiger Lauch genannt, wird wie Schnittlauch kultiviert und verwendet und ist ebenso winterhart. Die Aussaat erfolgt im März/April in Saatschalen, die Pflänzchen setzt man 4–8 Wochen später an einen sonnigen Platz mit wasserdurchlässiger Erde. Vorgezogene Pflanzen vom Gärtner pflanzt man im Frühjahr oder Herbst. Die Blüten machen Schnittknoblauch zur Zierde im Beet und auf dem Teller.
AUF DEM BALKON: kleinwüchsige Auslesen wie 'Kobold'
SCHÄDLINGE UND KRANKHEITEN: Zwiebelfliegenmaden
BEETPARTNER: Erdbeeren
GUTE SORTEN: Riesen-Schnittknoblauch 'Monstrosum': 50–80 cm hoch, kleinwüchsiger Schnittknoblauch 'Kobold': 30–40 cm hoch

 ☼ sonnig ◑ halbschattig (mindestens 6 Std. Sonne am Tag)

Porree, Lauch

Allium porrum ☼ ◑

Saattiefe: 1–2 cm | Reihenabstand: 40 cm

Nährstoffbedarf: hoch
Familie: Lauchgewächse, Anbauabstand 4–5 Jahre
Boden: leichte bis mittelschwere Lehmböden und sandige, aber humusreiche Böden
Aussaat: Vorkultur ab Februar/März (Sommer-, Herbstporree) bis April/Mai (Herbst-, Winterporree)
Pflanzung: Mitte März/Ende April (Sommer-, Herbstporree) bis Mai/Mitte Juli (Herbst-, Winterporree), Pflanzabstand in der Reihe 7–10 cm
Kulturdauer: 16–22 Wochen ab Aussaat

› Lauch oder Porree

ANBAU/PFLEGE: Porree, auf Süddeutsch Lauch, kann zwar direkt ins Beet gesät werden, doch dann belegen die Pflanzen das Beet mindestens 8–10 Wochen länger. Nur wenn man vorgezogene, kräftige Setzlinge in tiefe Furchen pflanzt, kann man später dicke Stangen mit einem langen, weißen Schaft ernten. Die Pflanztiefe richtet sich nach dem Pflanztermin. Wichtig: Blätter und Wurzeln nicht einkürzen! Diese Technik ist nur bei maschineller Pflanzung erforderlich und verzögert das Anwachsen. Von Frühjahr bis Frühsommer zieht man ca. 8 cm tiefe Rillen, ab Mai pflanzt man bis zu 15 cm tief. Mehrmaliges Anhäufeln macht die Stangen standfest und erhöht den Weißanteil. Dabei die Erde nur bis knapp unter die Blattachseln heranziehen, sonst setzen sich die Krümel zwischen die Blattringe und erschweren das Putzen. Tipp: Porree oder Lauch hinterlässt ein tief durchwurzeltes Beet, als Nachkultur profitieren davon alle Wurzelgemüse. Anders als in der Mischkultur empfohlen, ziehen viele Biogärtner Möhren nicht gleichzeitig, sondern nach Porree auf demselben Beet. Frühkartoffeln sind eine ideale Vorkultur für Winterporree.

› Statt Furchen zu ziehen, können Sie mit dem Pflanzholz tiefe Löcher in die Beeterde stechen und die Porreepflänzchen hineinsetzen.

SCHÄDLINGE UND KRANKHEITEN: Lauchminierfliege, Lauchmotte, Zwiebelfliege, Rostpilze
BEETPARTNER: Möhren, Sellerie, Petersilie
GUTE SORTEN: **Sommersorte** 'Schweizer Riesen'; **Herbst- und Wintersorte** 'D'hiver de Saint-Victor'; **für Überwinterung** 'Blaugrüner Winter'
ERNTE UND VERWENDUNG: Erntezeit für Sommerporree von Juni bis Ende August, für Herbstporree von September bis Mitte November. Winterporree holt man an frostfreien Tagen bis März vom Beet.
INHALTSSTOFFE: Neben Senfölen enthält Porree antibakteriell wirkendes Allicin, das auch für die gesunde Wirkung von Knoblauch verantwortlich ist. Ebenso wertvoll: die Vitamine B, C und E.

Rosenkohl

Brassica oleracea var. *gemmifera* ☼

Saattiefe: 1–2 cm | Pflanzabstand: 70 × 50 cm

Nährstoffbedarf: hoch bis sehr hoch
Familie: Kreuzblütler, Anbauabstand 4 Jahre
Boden: lehmige Erde und sandige Lehmböden mit hohem Humusgehalt
Aussaat: Vorkultur ab März bis Ende April
Pflanzung: ab Anfang Mai
Kulturdauer: 26–28 Wochen ab Aussaat

ANBAU/PFLEGE: Rosenkohl gedeiht am besten auf Böden, die gut mit Kalk versorgt sind. Auf der sicheren Seite ist, wer zusätzlich eine Handvoll Algenkalk ins Pflanzloch streut. Nach der Aussaat in Schalen setzt man nur die kräftigsten Pflanzen in Topfplatten oder kleine Einzeltöpfe um und pflanzt sie, nachdem sie einen kräftigen Wurzelballen gebildet haben, ins Beet. Im Juni, nach dem bei Kohl üblichen Anhäufeln der Stauden, und nochmals im August wird mit kalireichem organischem Gemüsedünger oder verdünnter Beinwelljauche nachgedüngt. Vermeiden Sie aber zu hohe Stickstoffgaben, sonst ernten Sie nur lockere Röschen. Ursache dafür kann aber auch Kaliummangel sein. Alarmzeichen dafür sind zuerst gelbe, dann braune Blattränder. Tipp: Vorbeugend regelmäßig einen Schuss Löwenzahn- oder Beinwelljauche ins Gießwasser geben. Am Anfang eher weniger gießen, damit die Pflanzen tiefer wurzeln, erst mit Beginn der Knospenentwicklung bei anhaltender Trockenheit großzügig wässern. Das häufig empfohlene Ausbrechen der Staudenspitze fördert nur bei Herbstsorten die Entwicklung der Röschen, für die Überwinterung gepflanzter Rosenkohl wird dadurch weniger frostfest.
SCHÄDLINGE UND KRANKHEITEN: Falscher Mehltau, Kohlhernie, Mehlige Kohlblattlaus, Kohlfliege, Kohlmottenschildlaus
BEETPARTNER: Endivie, Ringelblumen, spät gesäter Feldsalat, Herbst- und Winterlauch, Winterspinat
GUTE SORTEN: **Herbstsorte** 'Maximus' F1: für den ökologischen Landbau empfohlene Hybridsorte, Ernte von September bis Oktober; **Herbst- und Wintersorten** 'Hilds Ideal', 'Rubine': historische, violette Sorte, kleine Röschen (im Herbst entspitzen!), 'Groninger': wüchsige, recht hohe Sorte, winterhart, große Röschen

› Frostfester Winter-Rosenkohl

ERNTE UND VERWENDUNG: Im September kann man bei den Frühsorten die ersten Knospen pflücken – und das immer von unten nach oben. Die oberen kleineren Knospen lässt man weiterwachsen, bis sie ihre sortentypische Größe erreicht haben. Kältefeste Sorten überwintern auf dem Beet. Ernteschluss ist Ende Februar. Tipp: Wechseln sich Frost und Tauwetter ab, leidet allerdings die Qualität. In diesem Fall sollte man früher ernten und die Röschen tiefgekühlt aufbewahren.
INHALTSSTOFFE: Rosenkohl ist reich an Magnesium und enthält mehr Vitamin C als alle anderen Kohlarten. Außerdem haben die Röschen weitere Mineral- und wertvolle Ballaststoffe sowie Vitamin A und B_2 zu bieten. Nicht nur für Vegetarier und Veganer interessant: Der Sprossenkohl liefert fast so viel pflanzliches Eiweiß wie eiweißreiche Leguminosen, z. B. Erbsen und weiße Bohnenkerne. Zitronensäure macht den 'Brüsseler Kohl' zu einem der feinsten Wintergemüse.

☼ sonnig ◐ halbschattig (mindestens 6 Std. Sonne am Tag)

Weiß- und Rotkohl

Brassica oleracea var. *capitata* f. *alba* und f. *rubra* ☼

Saattiefe: 1,5–2 cm | Pflanzabstand: 60 × 60 cm

ANBAU/PFLEGE: Die Vorkultur erfolgt ab März, ab Mai können Sie direkt ins Beet säen. Von der Anzucht bis zum erntereifen, lagerfähigen Kopf vergehen je nach Sorte 60–130 Tage. Wichtig sind ein kalkhaltiger, im Spätwinter mit großzügig Mistkompost versorgter Boden, reichliches, gleichmäßiges Gießen und mehrmaliges Anhäufeln der Pflanzen ab Beginn der Kopfbildung.
SCHÄDLINGE UND KRANKHEITEN: Kohlweißling, Pilzbefall durch Kohlhernie, Kohlschwärze, Falscher Mehltau
BEETPARTNER: Porree, Sellerie, Tomaten
GUTE SORTEN: **Weißkohl** 'Donator': Herbstsorte für Frischverzehr, 'Dottenfelder Dauer': mittelfrühe Sorte, lange lagerfähig, 'Marner Lagerweiß': spät reifend, lange lagerfähig; **Rotkohl** 'Amarant': Frühsorte, 'Granat': lagerfähige mittelfrühe Sorte, 'Rodynda': lange lagerfähig
ERNTE UND VERWENDUNG: Frühe Sorten für den Frischverzehr reifen ab Juni. Lagersorten lässt man auf dem Beet und holt sie kurz vor dem ersten Frost in den Keller.

Wirsing

Brassica oleracea var. *sabauda* ☼

Saattiefe: 1,5–2 cm | Pflanzabstand: 60 × 60 cm

ANBAU/PFLEGE: Bei der Aussaat, Pflanzung und Pflege unterscheidet sich Wirsing nicht von Weiß- oder Rotkohl (→ oben). Die Sortenvielfalt ist enorm, man kann zwischen Züchtungen für den Anbau im Frühjahr und Sommer sowie Herbst und zur Lagerung wählen. Adventswirsing überwintert mit etwas Reisigschutz oder unter Vlies auf dem Beet.
SCHÄDLINGE UND KRANKHEITEN: wie Weiß- und Rotkohl
BEETPARTNER: wie Weiß- und Rotkohl
GUTE SORTEN: **Frühsorte** 'Vorbote': für Frühjahrs- oder Sommeranbau mit kurzer Anbauzeit – »Acht-Wochen-Wirsing«; **Herbstsorte** 'Planpalais à pied court': fein gekrauste Köpfe und dünne Blätter; **Wintersorten** 'Bonner Advent' und 'Winterfürst 2' zum Lagern
ERNTE UND VERWENDUNG: Frühsorten bilden kleinere, meist lockere, hellgrüne Köpfe. Die Garzeiten sind kürzer als bei robusten Sorten für die späte Ernte.

Palmkohl

Brassica oleracea var. *palmifolia* ☼

Saattiefe: 2 cm | Pflanzabstand: 75 × 50 cm

ANBAU/PFLEGE: Toskanischer Palmkohl verträgt zwar leichte Fröste, ist aber nördlich der Alpen nicht winterhart. Man sät zwischen März und Juni in kleine Töpfe und pflanzt den dekorativen »Schwarzkohl« wie Grünkohl zwischen Mai und Juli ins Freie. Palmkohl verträgt die sommerliche Hitze gut – häufiges Gießen vorausgesetzt.
AUF DEM BALKON: Unterpflanzt mit Sommerblumen oder blühenden Kräutern, ist Palmkohl ein Ziergemüse wie aus dem Bilderbuch. Tipp: Die Topferde mit Hornspänen aufdüngen (ca. 10 g auf 1 l Erde).
SCHÄDLINGE UND KRANKHEITEN: Pilzbefall durch Kohlhernie, Raupen verschiedener Kohlschädlinge
BEETPARTNER: essbare Blütenpflanzen, z. B. Hornveilchen, Gewürztagetes und nicht rankende Kapuzinerkresse
GUTE SORTEN: 'Cavalo Nero', 'Nero di Toscana'
ERNTE UND VERWENDUNG: Man erntet nach Bedarf die Blätter von unten nach oben und dünstet oder gart sie.

Grünkohl

Brassica oleracea var. *sabellica* ☼ ◑

Saattiefe: 1,5–2 cm | Pflanzabstand: 75 × 45 cm

ANBAU/PFLEGE: Der frostharte Kohl ist hauptsächlich im hohen Norden beliebt. Vorkultur auf einem Saatbett oder in kleinen Töpfen ab Mitte Mai bis Juni, Pflanzzeit ist von Mitte Juni bis Ende Juli. Der Nährstoffbedarf ist ebenso hoch wie der von Kopfkohl. Ein kalireicher Gemüsedünger sorgt dafür, dass die Pflanzen Fröste bis –10 °C auch ohne Vliesabdeckung überstehen. Tipp: Vor allem im Hochsommer reichlich gießen!
SCHÄDLINGE UND KRANKHEITEN: Kohlfliege, Pilzbefall durch Kohlhernie, bei warmem Herbstwetter Kohlmottenschildlaus
BEETPARTNER: Rote Bete, Mangold, Radicchio
GUTE SORTEN: 'Niedriger Grüner Krauser': niedrige Sorte für schneereiche Lagen, 'Ostfriesische Palme': hohe, traditionelle Landsorte, 'Westerländer Winter': halbhoch, mild-süßlich, Roter Krauskohl: purpurfarbene Blätter
ERNTE UND VERWENDUNG: Nach den ersten Frösten wird Grünkohl milder, und die Garzeiten verringern sich.
INHALTSSTOFFE: reichlich Vitamin C und Kalzium

☼ sonnig ◑ halbschattig (mindestens 6 Std. Sonne am Tag)

Brokkoli

Brassica oleracea var. *italica* ☼

Saattiefe: 2 cm | Pflanzabstand: 50 × 50 cm

Nährstoffbedarf: **hoch**
Familie: **Kreuzblütler, Anbauabstand 4 Jahre**
Boden: **tiefgründig und feucht mit hohem Humusgehalt, stark lehmiger Sand bis sandiger Lehm**
Aussaat: **Vorkultur in Töpfen ab Mitte April bis Ende Juni, Direktsaat Mitte April bis Ende Juni**
Pflanzung: **Mitte April bis Ende Juli**
Kulturdauer: **10–12 Wochen ab Aussaat**

Brokkoli kann fast ganzjährig angebaut werden. Die Kultur von Winterbrokkoli hat vor allem in England Tradition. Von dort stammt auch die »Urform«, der Sprossenbrokkoli, der viele kleine, kältefeste Seitentriebe bildet. Die alten Auslesen gibt es noch, meist erkennt man sie am Zusatz »Sprouting« zum Sortennamen. Neuere Sorten bilden eine dicke Mittelknospe, aber weniger Seitentriebe.

ANBAU/PFLEGE: Brokkoli gilt als Starkzehrer. Das ist zwar grundsätzlich richtig, doch bei Sorten, die auf dem Beet überwintern, sollte die Erde nicht zu stickstoffreich sein. Für eine bessere Standfestigkeit setzt man die vorgezogenen Pflanzen so tief, dass der Wurzelhals mit Erde bedeckt ist, und häufelt die Pflanzen immer wieder an. Winterbrokkoli wird erst im Juli gepflanzt, die frostfesten Blütensprosse werden im Frühjahr von März bis Mai geerntet. Die anderen genannten Sorten eignen sich für den gesamten Anbauzeitraum. Die Setzlinge nach dem Auspflanzen gut angießen, später weniger gießen, um das tiefe Wurzelwachstum zu fördern. Im Jugendstadium die Beeterde wiederholt oberflächlich lockern und die Pflanzen dabei vorsichtig anhäufeln.
AUF DEM BALKON: In mindestens 10 l Erde fassenden Töpfen gedeiht Brokkoli auch auf dem Balkon im lichten Schatten. Wichtig ist häufiges Gießen, im Topfuntersetzer sollte sich Wasser aber nur kurz sammeln.
SCHÄDLINGE UND KRANKHEITEN: Maden der Kohldrehherzmücke, Kohlfliege und Kohlweißling, Pilzbefall durch Kohlhernie, bakterielle Fäulnis
BEETPARTNER: Salat, Eberraute, Erbsen, Erdbeeren, Tomaten, Buschbohnen, Sellerie
GUTE SORTEN: 'Cezar', 'Coastal', 'Early Purple Sprouting': Winterbrokkoli, 'Verde Calabrese'
ERNTE UND VERWENDUNG: Schneiden Sie die Knospen mit einem 10 cm langen Stängel am Morgen, solange sie noch kühl sind.

› Sprossenbrokkoli

› Brokkoli

DER KRÄUTER GARTEN

Frische Kräuter rund ums Jahr

Kräuter in all ihrer Vielfalt gehören zur Grundausstattung eines Küchengartens. Wenn Sie zeitig aussäen und während der Hochsaison für Vorräte sorgen, haben Sie das ganze Jahr über etwas davon, ob für duftende Tees oder als aromatisches Gewürz.

Ob es nur ein Kräuterbeet oder gleich ein klassischer Kräutergarten sein soll oder ob Sie Lavendel, Salbei und Ysop einfach zwischen Rosen, Sommerblumen oder an den Rand der Gemüsebeete setzen – Kräuter passen sich jedem Gartenstil an, und die Vielfalt an Arten und Sorten macht es leicht, für jeden Geschmack genau das richtige Gewürz zu finden.

Im Frühling, ab März/April, kann man dem robusten Schnittlauch beim Wachsen fast zusehen. Auch Kerbel, Kresse und Rucola lassen sich nicht lange bitten: Schon wenige Tage nach der Aussaat in Töpfe und Beete (→ Seite 126/127) sprießen würzige Blättchen. Bis sie groß genug sind für den ersten Schnitt, können Sie die Zeit leicht überbrücken: Wildkräuter, allen voran Löwenzahn, Gänseblümchen und Gundermann, schmecken jetzt richtig lecker und sind noch dazu sehr gesund. Mehrjährige wie Liebstöckel, Bohnenkraut oder Thymian pflanzen oder setzen Sie ab April. Ab Mitte Mai kann man empfindlichere Arten, wie Basilikum, Majoran und Koriander in Schalen und Töpfen anziehen. Vor dem Austrieb schneiden Sie außerdem Halbsträucher wie Rosmarin oder Gartensalbei zurück (→ Seite 127).

Im Frühsommer hat die Ernte der klassischen Küchenkräuter Hochkonjunktur mit Estragon, Liebstöckel und Petersilie. Der Hochsommer ist die Zeit der mediterranen Arten. Kurz vor oder bei Blühbeginn ist der beste Zeitpunkt für den Rückschnitt und das anschließende Trocknen der aromatischen Blätter und Triebe. Im Juni/Juli können Sie von diesen Halbsträuchern zudem Stecklinge gewinnen (→ Seite 141), falls Sie noch ein paar Pflanzen brauchen. Viele mehrjährige Arten profitieren auch jetzt von einem Rückschnitt (→ Seite 140).

PRAXISTIPP

Im Frühling ist das Angebot an **getopften Kräutern** am größten; aber Vorsicht, denn sie kommen jetzt allesamt aus dem warmen Gewächshaus und brauchen unbedingt eine Eingewöhnungszeit, bevor sie ins Beet gepflanzt werden. Zum Abhärten stellt man Topfkräuter erst einige Tage an einen halbschattigen Ort, bevor man sie an ihren Platz im Beet setzt.

MÄRZ

Einjährige Küchenkräuter und Pflanzen für essbare Blüten jetzt aussäen.

APRIL

Basilikum und andere empfindliche Kräuter ziehen Sie nun in Töpfen vor.

MAI

Die Ernte von Zitronenmelisse und Pfefferminze beginnt.

> Ein Pflanzkasten auf der Terrasse liefert zum Salat auch die Kräuter für das Dressing.

Im Spätsommer wird weiterhin geerntet: Samen von Kümmel, Koriander, Gewürzfenchel und Dill sind reif, sobald sich die Körner goldbraun färben. Mehrjährige Kräuter wie Schnittlauch, Estragon und Zitronenmelisse werden im Spätherbst zur Vermehrung geteilt (→ Seite 154). Sind die ersten Fröste angekündigt, schützen Sie empfindlichere Pflanzen, z. B. Thymian und Rosmarin, mit Vlies oder Folie, während exotische Arten wie Strauchbasilikum ins Winterquartier umziehen (→ Seite 156/157). Bevor der Winter kommt, ist ein kleiner Check angebracht. Gibt es genügend größere Töpfe, um Petersilie und Schnittlauch im Winter am Fensterbrett zu treiben (→ Seite 155)? Ist noch Kräutererde da für die Aussaat rasch wachsender Grünsprossen? Welche Arten können mit ein wenig Schutz im Beet bleiben, und wohin mit frostempfindlichem Strauchbasilikum und Fruchtsalbei, die zu großen Sträuchern herangewachsen sind? Wenn all das geklärt ist, brauchen Sie eine kräuterlose Jahreszeit nicht zu fürchten.

JULI

Schneiden Sie Lavendel und andere mediterrane Kräuter zurück.

AUGUST

Ernten Sie Oregano und Rosmarin zum Trocknen als Würze für den Winter.

OKTOBER

Schnittlauch und Petersilie zum Treiben ausgraben und eintopfen.

FRÜHLING

Wenn im Beet würzige Schnittlauchhalme sprießen, übertrumpfen sich die Gärtnereien mit ihrem Angebot. Wie Sie die besten Kräuter für Ihren Garten und Ihre Küche finden? Einfach immer der Nase nach!

Mit Kräutern gestalten

Kräuter passen sich jedem Gartenstil an. Ob formal, nach dem Vorbild der Klostergärten oder ganz natürlich – sie machen einfach alles mit! Man kann sie auch gerne zwischen Duftstauden, Rosen oder ins Gemüsebeet pflanzen.

› Ein sonniges Kiesbeet mit wärmespeichernden Feldsteinen bietet ideale Bedingungen für den Kräuteranbau. Ringelblumen und Klatschmohn versamen sich selbst und tauchen in jedem Jahr an einer anderen Stelle auf.

Gerade in kleinen Gärten kommen Kräuter groß raus, z. B. als würzige Ergänzung im Gemüsebeet, als duftende Begleiter zwischen Beet- und Pfingstrosen oder in einem extra Kräutergärtchen nahe am Haus.

Pflanzideen für jeden Geschmack

Die Grenzen zwischen Küchen-, Heil- und Duftkräutern sind fließend. Gerade deshalb ergeben sich unzählige Gestaltungsmöglichkeiten.

- Je kleiner der Kräutergarten ist, umso klarer sollte er unterteilt sein. Geometrische Beetformen sind pflegeleicht, und auch einzeln gepflanzte Kräuter kommen darin gut zur Geltung. Oft reicht für ein solches Gärtchen schon eine sonnige Ecke oder ein schmaler Streifen entlang der Terrasse.
- Höhere Kräuter, die auch in normalen Gartenböden gedeihen, fühlen sich zwischen Blütenstauden und Sommerblumen wohl. Das gilt nicht nur für Arten wie Indianernessel, deren große Blüten

und Blätter als Tee- oder Heilkraut genutzt werden. Mit Melisse und Gewürzfenchel kann man zwischen den bunten Blüten noch ein paar ruhigere Akzente setzen oder umgekehrt roten Mohn, orangefarbene Ringelblumen und lilablaue Glockenblumen zwischen grüne Kräuter streuen. Französischer Estragon, Salbei und Wermut sind Beispiele für charmante Wegbegleiter.

- Polsterbildende Thymianarten oder Bergbohnenkraut setzt man, genau wie niedrige Stauden, an den Beetrand, Klein- und Halbsträucher wie Salbei, Ysop oder Eberraute in die Mitte, und im Hintergrund können Engelwurz, Anis-Agastache, Malven und Königskerze Größe zeigen.

› Basilikumarten und -sorten lieben eher feuchte Erde. Die nach Kresse duftenden Asia-Salate halten Schnecken fern.

Standortgerechte Lösungen

Für eine lange Lebensdauer der Kräuter sollten Sie deren unterschiedliche Ansprüche kennen und darauf achten, dass Sie nur Arten kombinieren, die in puncto Standort, Boden, Licht und Wärme die gleichen Bedürfnisse haben (→ Seite 126/127).

Eine Spirale – Lebensraum für viele Kräuter

Ein Konzept, das – richtig gemacht – allen gerecht wird, ist die Kräuterspirale. Darunter versteht man ein meist durch eine Natursteinmauer eingefasstes, kreisförmig angelegtes Beet, dessen einzelne Etagen sich wie die Windungen eines Schneckenhauses spiralförmig in die Höhe winden.

- Ganz oben bildet magere, durchlässige, kalkhaltige Erde die Sonnenterrasse für Mittelmeerkräuter wie Rosmarin, Salbei, Thymian oder Lavendel.
- In der mittleren Zone mit normaler Gartenerde gedeihen Majoran, Melisse und Weinraute.
- Auf der sonnenabgewandten Seite und am Fuß der Kräuterschnecke ist es etwas kühler und der Boden feuchter. Hier fühlen sich Brunnenkresse, Wilde Rauke, Schnittlauch und Sauerampfer wohl.

Wie im Beet heißt es aber aufpassen: Wuchskräftige Kräuter wie Minzen verdrängen bescheidenere Arten im Laufe der Jahre und können das Zusammenleben empfindlich stören. Hier müssen Sie die Drängler gelegentlich in ihre Schranken weisen.

Der häufigste Fehler: Aus Platzmangel wird das Bauwerk vielfach zu klein angelegt. 3 m Durchmesser (bei max. 1 m Höhe) sollten es mindestens sein, sonst werden die Windungen zu steil, und die Kräuter auf der West- und Nordseite führen ein dauerhaftes Schattendasein. Nur bei genügend Freiraum um sich herum ist eine Kräuterspirale ein attraktiver Blickfang. In kleinen Gärten und ohne Anbindung an eine Natursteinmauer oder die Terrasse wirkt das Bauwerk rasch wie ein Fremdkörper.

Wärmespeicher für Mediterrane

Eine Trockenmauer verschlingt deutlich weniger Platz und Baumaterial als die Kräuterspirale. Ihre Größe und Form lassen sich leicht an die zur Verfügung stehende Fläche oder das Gelände anpassen. Die Steine speichern Sonnenwärme und geben diese nachts langsam ab. Helle Quader reflektieren das Licht, übrigens ebenso wie ein heller Kiesbelag oder eine weiß gestrichene Mauer. Dies genügt oft schon, damit sich Sonnenanbeter wie Rosmarin und Thymian wie im warmen Süden fühlen. Wasserdurchlässige, leicht sandige und nährstoffarme Erde ist eine weitere wichtige Voraussetzung dafür, dass diese Arten genauso viele ätherische Öle entwickeln wie auf den kargen Böden rund ums Mittelmeer.

Endlich wieder würziges Grün!

Die Kräutersaison beginnt im März! Viele Arten lassen sich leicht aussäen, einige auf der Fensterbank, robuste direkt ins Freiland. Andere kauft man besser als Jungpflanzen beim Gärtner. Alle brauchen ein Beet, das zu ihren Ansprüchen passt.

› Vorgezogene Petersilien-Pflänzchen können Sie schon im März ins Freilandbeet setzen.

Das Sortiment an Küchenkräutern füllt ganze Spezialkataloge. Entsprechend vielfältig sind ihre Anforderungen an Anzucht, Standort und Pflege.

So ziehen Sie Kräuter an

Unter den Kräutern gibt es einerseits Arten mit kurzer Kulturdauer, andererseits solche, die eine etwas längere Anlaufzeit haben, dafür aber über viele Jahre regelmäßige Ernte liefern.

- Schnellkeimer wie Kresse, Kerbel und Blattkoriander können, je nach Witterung, ab März/April ins Beet gesät werden. Eine Nachsaat alle drei bis vier Wochen garantiert steten Nachschub. Borretsch keimt spät, sät sich jedoch auch selber aus.
- Fenchel ist zweijährig, setzt seine Samen also im Folgejahr an. Wer es v. a. darauf abgesehen hat, verschiebt die Aussaat auf Juni bzw. August.
- Schnittlauch und einjährigen Majoran sät man Ende April direkt oder zieht Jungpflanzen an.
- Einjähriges Bohnenkraut säen Sie ab Mai ins Beet.
- Lavendel, Majoran, Rosmarin und Salbei keimen im Beet nur lückig. Die Anzucht aus Samen lohnt sich nur, wenn man wirlich viele Pflanzen braucht. Ansonsten kauft man vorgezogene Jungpflanzen aus speziellen Kräutergärtnereien oder vemehrt vorhandene durch Stecklinge.

Die meisten Kräuter gehören zu den Lichtkeimern. Übersieben Sie die Saaten deshalb nur dünn mit Erde oder Sand, gerade so viel, dass diese beim Anfeuchten nicht weggeschwemmt werden. Krautige Arten wie Zitronenmelisse und Schnittlauch vermehrt man über Teilen des Wurzelstocks. Bei mediterranen Halbsträuchern haben sich Stecklinge im Juni/Juli bewährt (→ Seite 141).

Sonnenplätze bevorzugt

Ein sonniger Standort ist Voraussetzung für die begehrte Aromenvielfalt. Nur Schnittlauch, Bärlauch, Rucola und Estragon geben sich mit einem Platz im Halbschatten zufrieden.

Viele Arten wie Kresse, Liebstöckel, Minzen und Melisse bevorzugen frische, feuchte Böden. Mediterrane Halbsträucher hingegen gedeihen auf durchlässigen, eher trockenen und mageren Standorten.

› Kräuter brauchen nicht unbedingt ein eigenes Beet: Sie geben auch attraktive Wegbegleiter ab. Für Arten, die trockene Standorte vorziehen, machen Sie schwere Böden mit Sand, Splitt oder Kies durchlässiger.

Pflegeleicht und unkompliziert

Das Gute an Kräutern ist, dass sie mit geringem Aufwand viel Würze und Vitamine bringen Etwas Pflege wird durch duftende Blüten, Blätter, Triebe belohnt.

ALLES BIO

»Übersehen« Sie beim **Unkrautjäten** die vitaminreichen Wilden! Die zartbitteren Blätter des Löwenzahns und die nussig-aromatischen der Wiesenpimpinelle bereichern Salate. Knoblauchsrauke ist sehr lecker im Kräuterquark. Der Genuss bleibt folgenlos: Knoblauchatem ist nicht zu befürchten. Und das Wiesenschaumkraut macht seinem zweiten Namen »Wiesenkresse« alle Ehre.

- In Trockenzeiten das Gießen nicht vergessen.
- Eine Kompostgabe von 1–2 l/m² zur Beetvorbereitung dient als Nährstoffreserve und sichert die Versorgung über viele Wochen.
- Mehrjährige wie Liebstöckel erhalten die gleiche Ration, sobald im Frühling an den Stängelresten die ersten grünen Blättchen sichtbar werden.
- Salbei, Lavendel, Thymian und andere verholzende Kräuter kommen ohne Düngung aus. Auf leichten, sandigen Böden harken Sie im Frühling ein wenig Kompost ein. Geben Sie gleich noch eine Handvoll Algenkalk oder Gesteinsmehl dazu.
- Damit Halbsträucher nach dem langen Winter von unten schön buschig austreiben, werden sie bis knapp in die holzigen Stängelteile, also meist um ein bis zwei Drittel ihrer Länge eingekürzt.
- Wenn nötig, erhalten ausdauernde Balkonkräuter jetzt einen größeren Topf. Achten Sie darauf, dass der Wurzelballen gut hineinpasst und rundherum etwa 3 cm Platz zum Anfüllen neuer Erde ist.

Auf Balkon und Terrasse

Mit ihren fein abgestuften Grüntönen sind Kräuter durchaus eine Alternative zu den üblichen Balkonblumen. In großen Pflanzkübeln können Sie einen Mini-Kräutergarten anlegen und darin eine Sammlung Ihrer Lieblingssorten präsentieren.

Es gibt nur wenige Kräuter, die sich bei guter Pflege im Pflanzgefäß nicht wohlfühlen. Das etwas heikle Basilikum und frostempfindliche Mehrjährige sind in Töpfen und Kübeln sogar besser aufgehoben.

Noch mehr Möglichkeiten

In Kübeln, Balkon- und Pflanzkästen rücken Kräuter ganz nah an die Nase und an die Küche heran.

Alles für den Balkonkasten

In Kästen am Küchenfenster sind Kräuter stets griffbereit. Dafür eignen sich Arten, die maximal 30–40 cm hoch wachsen und nicht zu tief wurzeln, wie Petersilie, Kerbel und Schnittlauch. Thymian, Majoran und Bergbohnenkraut ergänzen sich im Balkonkasten ebenso gut wie im Gemüsegratin. Kräuter haben gar nichts gegen blühende Partner wie Husarenknöpfchen oder Männertreu. Wer lieber Essbares dazupflanzt, kombiniert sie mit Hornveilchen und Zitronen- oder Orangentagetes.
Achten Sie beim Bepflanzen auf die erforderlichen Abstände zwischen den Gewürzen. Die Kräuter schließen die Lücken bald und halten die lange Saison dann besser durch. Denken Sie auch daran, nur Arten mit gleichen Ansprüchen zu kombinieren.

Terrassenbeete und Mini-Kräutergärten

In großen Kübeln und Pflanzkästen können Gemüse und Kräuter wie im Beet zusammenziehen. So

› Ein kleines Hochbeet auf der Terrasse bietet Platz für eine Palette an Küchenkräutern und Blattgemüse. Sommerblumen wie Blaues Gänseblümchen sind hübsche Begleiter.

braucht Genoveser Basilikum viel Wärme, mag aber keine pralle Sonne und profitiert daher neben buntstieligem Mangold von der feuchten, nährstoffreichen Erde und dem Schatten, den das Blattgemüse bietet. Dill und rankende Minigurken sind im Topf und in der Küche ein prima Paar. Kleinblättriges Buschbasilikum und Tomaten harmonieren auf der Pizza ebenso wie in Pflanzgefäßen. Lavendel, Ysop und Salbei teilen sich gerne einen Topf, wenn dieser 25 l fasst. Dies entspricht einem Durchmesser von 45–50 cm. Rosmarin, Minzen und mehrjährige Basilikumarten haben den Topf lieber für sich.

Duft der großen weiten Welt

Gönnen Sie Exoten, von Ananas-Salbei bis Zitronengras, am besten einen eigenen Topf. Der Grund: Sie müssen im Spätherbst ins Haus umziehen und wollen dann, je nach Art, mal kühl und dunkel, mal warm und hell stehen. Auch Lorbeerbäumchen und Strauchbasilikum bevorzugen den Solo-Auftritt.

Kunststoff oder Terrakotta?

Pflanzgefäße gibt es in vielen Materialien. Wählen Sie, was am besten zu Ihrem Stil passt.

- Natürliche Ton- und Terrakottagefäße bieten sich für den Biobalkon an. Das poröse Material saugt Wasser auf und lässt die Feuchtigkeit im Topf rasch verdunsten. Das bewirkt eine leichte Kühlung und verhindert Staunässe, gleichzeitig trocknet die Erde im Randbereich aber auch schneller aus.

ALLES BIO

Achten Sie beim Kauf von Kräuter- und Balkonpflanzenerde auf die Aufschrift »ohne Torf« oder **»torffrei«**! Im Handel erhältliche torffreie Substrate enthalten eine Mischung aus Rindenhumus und Holz-, Kokos- oder Hanffasern. Zusätze wie Sand oder Lavagranulat sorgen für eine stabile Struktur. Eine gute Alternative sind Erden von regionalen Kompostwerken mit Qualitätssiegel.

› Arrangieren Sie die Kräuter beim Bepflanzen von Balkonkästen oder Kübeln so, dass sie ausreichend Platz zum Weiterwachsen haben.

- Für Tröge und kleine Hochbeete aus Holz gibt es preiswerte Bausätze, die Sie mit einem umweltfreundlichen Anstrich auf den Stil Ihres Hauses und die Gartengestaltung abstimmen können.
- Kunststofftöpfe im Terrakotta-Look sind leicht, so langlebig wie Ton, absolut frostsicher und damit für Kräuter geeignet, die im Freien überwintern.

Für einen guten (Neu-)Start

Jetzt dürfen alle Kräuter, die im Winterquartier ausgeharrt haben, Frühlingsluft schnuppern. An milden Tagen trägt man Lorbeerbäumchen, Süßkraut und Zitronenverbene ins Freie. Zunächst stellt man sie besser in den windgeschützten Halbschatten, sonst verbräunen die lichtentwöhnten Blätter.
Pflanzen, die ihr Gefäß komplett durchwurzelt haben, werden umgetopft. Kräuter in kleineren Töpfen müssen jährlich, größere Kübelpflanzen nur alle zwei bis drei Jahre umziehen. In der Zwischenzeit genügt es, wenn Sie die Erdschicht jährlich etwa 2–3 cm tief abkratzen und den Topf anschließend mit frischer Kräutererde oder Reifkompost auffüllen. Bei mediterranen Gewürzen ist es empfehlenswert, zusätzlich etwas Algenkalk unterzumischen.
Topfen Sie neu gekaufte Kräuter um, ehe ihre Wurzeln im Kreis an der Topfwand entlangwachsen. Ernten sollte man erst bei kräftigem Neuaustrieb.

Kästen und Töpfe bepflanzen

Setzen Sie gekaufte Kräuter möglichst bald um. Die neuen Töpfe oder Kästen sollten im Durchmesser bzw. Umfang nur 3–4 cm größer sein als die bisherigen. So können die Wurzeln die frische Erde rasch durchdringen. Setzen Sie mehrere Kräuter in ein Gefäß, halten Sie zwischen den Wurzelballen und zum Rand mindestens 2 cm Abstand ein. Wässern Sie Tongefäße ein paar Stunden vor dem Bepflanzen, damit sie der Erde keine Feuchtigkeit entziehen.

Was Sie dafür benötigen:

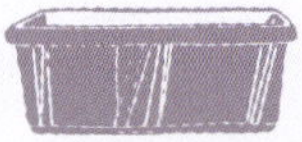

Pflanzkasten

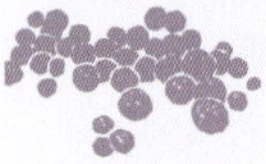

Tongranulat, Blähton, Kies

Vlies

Pflanzerde

Gießkanne

Decken Sie die Wasserabzugslöcher mit einem flachen Stein oder einer Tonscherbe ab. Verteilen Sie dann eine 3–5 cm hohe Drainageschicht aus Tongranulat, Blähton oder Kies gleichmäßig auf dem Gefäßboden.

Damit die Erde nicht in die Drainageschicht gerät, decken Sie das Granulat mit einem in passender Größe zugeschnittenen Vlies ab. Füllen Sie das Pflanzgefäß zu ca. einem Drittel mit Bio-Kräutererde. Die Erde sollte gut strukturiert, also nicht zu feinkrümelig und feucht, aber nicht nass sein.

Topfen Sie die Kräuter vorsichtig aus. Dabei eventuell die Topfwände leicht zusammendrücken, dann löst sich der Topfballen leichter. Ist der Wurzelballen sehr fest, lockern Sie die Außenseite mit den Fingern auf. Nicht zu zaghaft, es macht nichts, wenn Sie dabei ein paar Würzelchen abreißen.

Die Kräuter in den Kasten oder Topf setzen. Mit Erde auffüllen. Den Wurzelballen ca. 1 cm hoch mit Erde bedecken. Die Erde zum Schluss rundherum andrücken, sodass die Oberfläche etwa 2 cm unter dem Topf- oder Kastenrand liegt (Gießrand).

Gießen Sie die Kräuter an, bis Wasser durch die Abzugslöcher des Kastens austritt. Nach einer kurzen Pause, in der sich die Erde vollsaugen kann, wässern Sie nochmals. Stellen Sie den Kasten einige Tage an einen halbschattigen, vor Wind geschützten Platz.

Frühlingskräuter

Endlich wieder frische Kräuter für Feinschmecker! Ein Butterbrot in frisch gehackten Schnittlauch drücken oder ein paar Blättchen Petersilie über die Suppe streuen. Und wer nicht auf Basilikum verzichten möchte, kann es jetzt säen und pflanzen.

Petersilie

Petroselinum crispum ☼ ◑

Saattiefe: 1 cm | Reihenabstand: 25–30 cm

ANBAU/PFLEGE: Aussaat ins Frühbeet ab März, ins Freiland, wenn sich der Boden nicht mehr nass und kalt anfühlt. Der Langsamkeimer muss in der Startphase gut gegossen werden. Unbedingt Anbaupausen von 4–5 Jahren einhalten. Späte Saaten im August leiden weniger unter Pilzkrankheiten.
SCHÄDLINGE UND KRANKHEITEN: Wurzelälchen, Septoria-Blattflecken und andere Pilzkrankheiten
BEETPARTNER: Radieschen, Tomaten, Zichoriensalate
GUTE SORTEN: **krause Petersilie** 'Grüne Perle 2', 'Mooskrause 2'; **glatte Petersilie** 'Einfach Schnitt 3', 'Gigante d'Italia'
ERNTE: von Ende April bis zum Blühbeginn im 2. Anbaujahr

Schnittlauch

Allium schoenoprasum ☼

Saattiefe: 2 cm | Pflanzabstand: 30 cm

ANBAU/PFLEGE: Schnittlauch lässt sich leicht aus Samen ziehen, bis zur Schnittreife vergehen aber viele Wochen. Ungeduldige setzen im Frühjahr vorgezogenen Schnittlauch in kalkhaltigen Boden in sonniger Lage. Pflanzen vom Supermarkt wurzeln im Freiland nur zögernd ein. Im Herbst Horste nach Laubeinzug durch Teilung vermehren.
SCHÄDLINGE UND KRANKHEITEN: Schnittlauchrost, Pilzbefall durch Falschen Mehltau, Zwiebelfliege
BEETPARTNER: Dill, Petersilie, Möhren, Erdbeeren
GUTE SORTEN: 'Elbe': weiß blühend, hübsch für Töpfe, 'Forescate': burgunderrote Blüten, 'Gonzales', 'Schmitt'
ERNTE: Die Halme nah am Boden schneiden, sie wachsen dann zwar langsamer, bilden aber geschlossene Spitzen.

☼ sonnig ◑ halbschattig (mindestens 6 Std. Sonne am Tag)

> Zitronenbasilikum hat große, glatte Blätter.

> Keimlinge von rotem und grünem Basilikum

Einjähriges Basilikum

Ocimum basilicum ☼ ◐

Saattiefe: max. 0,5 cm | Pflanzabstand: 25–30 cm

Nährstoffbedarf: **mittel**
Familie: **Lippenblütler, Anbauabstand 3–4 Jahre**
Boden: **humusreich, frei von Staunässe**
Aussaat: **Vorkultur ab März (Keimtemperatur 18–20 °C)**
Pflanzung: **ab Mitte Mai**
Kulturdauer: **4–12 Wochen ab Aussaat**

Zum Glück gibt's Basilikum! Sommer, Sonne, dazu die italienische Lebensart – allein der Duft versetzt uns sofort in eine entspannte Stimmung.

ANBAU/PFLEGE: Verteilen Sie bei der Vorkultur die Samen sparsam auf der Erde und drücken sie sanft an, sodass sie beim Befeuchten nicht weggeschwemmt werden. Vor dem Auspflanzen ins Beet Kompost in den Boden einarbeiten. Während der gesamten Wachstumszeit ist eine Temperatur von 18–20 °C ideal. An sehr sonnigen Plätzen werden die Blätter hart und zäh und verfärben sich hellgrün.

AUF DEM BALKON: In Kästen oder Einzeltöpfen in leicht aufgedüngter Pflanzenerde auf der Südwestseite oder im lichten Schatten entwickeln sich die Pflanzen bestens und können über viele Wochen beerntet werden. Gießen, wenn die Topferde fast völlig trocken ist, Staunässe unbedingt vermeiden.
SCHÄDLINGE UND KRANKHEITEN: Botrytis-Pilze, Schnecken, Blattläuse, Trauermücken
BEETPARTNER: Tomaten, Gurken, Petersilie, einjähriges Bohnenkraut, Gewürztagetes
GUTE SORTEN: **Basilikum** 'Genovese'; **Dunkelrotes Basilikum** 'Osmin'; **Thai-Basilikum** 'Thai'; **Zitronenbasilikum** 'Lime'; **Zimtbasilikum** (*Ocimum basilicum cinnamomum*); **Buschbasilikum** (*O. basilicum minimum*); **Heiliges Basilikum** (*O. tenuifolium*)
ERNTE UND VERWENDUNG: Basilikum verwendet man möglichst frisch oder konserviert Blätter und Zweige in Öl. Schneidet man die Triebspitzen laufend ab und pflückt zusätzlich die Blätter der beiden nächsten Blattpaare, bilden sich in den Blattachseln neue Seitentriebe. So lässt sich der Blühbeginn verzögern, und die Pflanzen bleiben buschig.
INHALTSSTOFFE: Ätherische Öle wie Linalool steigern die Konzentrationsfähigkeit und sorgen für einen klaren Kopf. Basilikumtee fördert die Verdauung.

Dill

Anethum graveolens ☼

Saattiefe: 2–3 cm | Reihenabstand: 15–20 cm

ANBAU/PFLEGE: Die Aussaat erfolgt in ein möglichst feinkrümeliges Saatbett. Tipp: Erfahrene Biogärtner waschen die Samen in kaltem Wasser, lassen sie trocknen und säen sie dann aus. Durch diesen Trick werden keimhemmende Stoffe auf der Schale abgebaut. Anbauabstand wie bei allen Doldenblütlern 4 Jahre. Dill gedeiht ab April auf leicht sandigen Böden und in lehmiger Erde, ist aber frostempfindlich.
AUF DEM BALKON: Ab April bis Anfang Juli im Abstand von 4 Wochen in Töpfe oder Kästen aussäen, damit immer frische Fiederblätter zur Verfügung stehen.
SCHÄDLINGE UND KRANKHEITEN: Blattläuse, Welke durch Fusarium-Pilze
BEETPARTNER: Gewürztagetes, Möhren, Gurken
GUTE SORTEN: Tetra-Dill: besonders dichtlaubig
ERNTE UND VERWENDUNG: 6–8 Wochen nach der Saat können zarte Triebspitzen gepflückt werden, bei beginnender Blüte ist das Kraut am aromatischsten. Ganze Dolden mit Blüten oder den noch weichen Samen gibt man an Kräuteressig, Einlegegurken und Fischgerichte.

Kerbel

Anthriscus cerefolium ☼ ◑

Saattiefe: 2–3 cm | Reihenabstand: 15–20 cm

ANBAU/PFLEGE: Gartenkerbel ist wenig kälteempfindlich und kann bereits ab März ausgesät werden. Sobald die Stängel schieben, schmecken die Blätter weniger würzig. Achtung, Doldenblütler – vierjährige Anbaupausen sind obligatorisch! Ab Juni bis September können Sie an anderer Stelle erneut aussäen, dieses Mal ohne Gefahr der frühen Blütenbildung.
AUF DEM BALKON: Kerbel gedeiht bestens in Kästen mit leicht aufgedüngter, feuchter Erde.
SCHÄDLINGE UND KRANKHEITEN: Blattläuse, Pilzbefall durch Echten und Falschen Mehltau
BEETPARTNER: Salat wird in der Nachbarschaft von Kerbel weniger von Schnecken befallen.
GUTE SORTEN: 'Verena'
ERNTE UND VERWENDUNG: Ernte 6–8 Wochen nach der Aussaat bis kurz vor der Blüte. Nur frisch verwenden.

☼ sonnig ◑ halbschattig (mindestens 6 Std. Sonne am Tag)

Kresse

Lepidium sativum ☼ ◑

Saattiefe: 0,5 cm | Reihenabstand: 10–15 cm

ANBAU/PFLEGE: Kresse wächst auf jedem Gartenboden. Die Samen keimen bereits bei Temperaturen ab 6 °C.
AUF DEM BALKON: Kresse kann in Schalen ganzjährig erdelos auf Küchenkrepp gekeimt werden, Biogärtner gönnen auch den Keimsprossen etwas sandige Anzuchterde.
SCHÄDLINGE UND KRANKHEITEN: Erdflöhe (im Beet)
BEETPARTNER: Salat, Radieschen und Frühmöhren
GUTE SORTEN: Sorten gibt es kaum, man unterscheidet jedoch groß- und kleinblättrige Auslesen. Die Sprosse der japanischen Daikonkresse schmecken nach Radieschen.
ERNTE UND VERWENDUNG: Schon nach 7 Tagen kann man die Keimblätter ernten; wartet man noch ein paar Tage, erscheinen die ersten echten Blätter. Mit genügend Feuchtigkeit gezogene Kresse hat ein mildes, senfartiges Aroma, bei Trockenheit werden die Blätter meerrettichscharf.
INHALTSSTOFFE: Senföle und Vitamin C stärken die Abwehrkräfte und wirken antibakteriell.

Salatrauke

Eruca sativa ☼ ◑

Saattiefe: 0,5–1 cm | Reihenabstand: 20 cm

ANBAU/PFLEGE: Als Rauke bezeichnet man die einjährige Salatrauke, italienisch Rucola, und die schärfere, zwei- bis mehrjährige Wilde Rauke (*Diplotaxis tenuifolia*). Sie fühlen sich in leicht humoser Erde auf einem sonnigen Beet am wohlsten. Ideale Bodentemperatur ca. 20 °C, Frühjahrssaaten keimen rascher unter Vlies. Im Sommer zieht man Rauke im Halbschatten, dort werden die Blätter milder. Sparsam oder gar nicht düngen, sonst reichert sich Nitrat in den Blättern an. Bei Folgesaaten das Beet wechseln.
AUF DEM BALKON: Alle 4 Wochen je Balkonkasten 2 Reihen aussäen. Die Erde bis zum Keimen feucht halten.
SCHÄDLINGE UND KRANKHEITEN: Erdflöhe
BEETPARTNER: Schnittsalat, Dill, Schnittmangold
GUTE SORTEN: 'Toscana': für Sommeranbau, Wilde Rauke 'Roma': für die Überwinterung im Frühbeet
ERNTE UND VERWENDUNG: Die Blätter ca. 2 cm über Erdniveau abschneiden, dann wachsen sie rasch wieder nach.

Liebstöckel

Levisticum officinale ☼ ◑

Pflanzabstand: 50 cm

ANBAU/PFLEGE: Vorgezogene Jungpflanzen gibt es im Frühjahr auf dem Wochenmarkt. Liebstöckel, wegen des typischen, an Suppenwürze erinnernden Geschmacks auch gerne Maggikraut genannt, wächst auf allen Böden und gedeiht besonders prächtig in humusreicher Erde. Im März/April und im Juli nach dem Rückschnitt jeweils 2–3 l Kompost rund um die Stauden verteilen und oberflächlich einharken. Im Sommer ab und zu großzügig wässern und kräftig zurückschneiden. Durch Teilung der Wurzelstöcke im Herbst lassen sich die Pflanzen vermehren.
SCHÄDLINGE UND KRANKHEITEN: Blattläuse, Rostpilze (Puccina-Pilz), Thripse
BEETPARTNER: Tomaten, Kartoffeln und Rhabarber
ERNTE UND VERWENDUNG: Schon wenige Blätter und Stängel verleihen Suppen, Eintöpfen, Kartoffelauflauf und Kräuteressig einen runden Geschmack. Für den Vorrat: Liebstöckel-Pesto.
INHALTSSTOFFE: Die ätherischen Öle wirken antimikrobiell, regen die Verdauung an und mindern Sodbrennen.

Gewürzfenchel

Foeniculum vulgare ☼

Saattiefe: 1 cm | Pflanzabstand: 30–50 cm

ANBAU/PFLEGE: Die Aussaat der Fenchelsamen erfolgt im März oder April. Da 2–3 Pflanzen genügen, kauft man diese aber meist zu. Gewürzfenchel versamt sich in wärmeren Lagen gern selbst und erobert Beet für Beet. In lehmigen, tiefgründigen Böden entwickeln die Pflanzen eine mehrere Zentimeter dicke Pfahlwurzel und sind nur mit Mühe wieder auszurotten. Pflege ist kaum nötig, der Rückschnitt im Herbst nach der Samenernte fördert den Neuaustrieb. Nach einer Kompostgabe im Frühjahr bilden die Pflanzen mehr und dichtere Blätter und blühen etwas später.
BEETPARTNER: Erbsen, Gurken, Tomaten, Stangenbohnen, Fruchtrosen und höhere Blütenstauden
GUTE SORTEN: Meist nur die Art im Handel, Ausnahme: Bronze-Gewürzfenchel 'Rubrum' mit kupferrotem Laub
ERNTE UND VERWENDUNG: Fenchelkraut ist ein guter Ersatz für Dill. Der Blütenpollen kommt als Gewürz gerade in Mode, die Preise für ein Döschen sind beachtlich. Fenchelfrüchte schätzt man in süßen und salzigen Gerichten.

☼ sonnig ◑ halbschattig (mindestens 6 Std. Sonne am Tag)

Koriander

Coriandrum sativum ☼

Saattiefe: 1–2 cm | Reihenabstand: 25–30 cm

ANBAU/PFLEGE: Man sät im Abstand von 2–3 Wochen (ca. 100 Korn/m) vom späten Frühjahr bis Ende Juli immer wieder neu in nährstoffreiche, kalkhaltige Erde. Will man das Kraut ernten, genügt Halbschatten, die kugelrunden Früchte reifen nur an einem sonnigen Platz aus. Wichtig: Für die Samengewinnung so früh wie möglich aussäen!
AUF DEM BALKON: Blattkoriander wächst rasch, und da man meist nur kleine Mengen braucht, kann man schon mit wenigen Töpfen die laufende Ernte sichern.
BEETPARTNER: Möhren und Kohl
GUTE SORTEN: Blattkoriander 'Chinesischer', auch Cilantro genannt, bildet mehr Blätter und blüht erst spät.
ERNTE UND VERWENDUNG: Korianderkraut ähnelt glatter Petersilie. Man verwendet die frischen Blätter in Salaten, Dips oder Currys. Korianderfrüchte sind u. a. als Brotgewürz und im Weihnachtsgebäck beliebt.
INHALTSSTOFFE: Blattkoriander enthält viel Beta-Carotin.

Essbare Blüten

☼

Saattiefe: 1–2 cm | Reihenabstand: 20–25 cm

ANBAU/PFLEGE: Essbare Blütenmischungen, z. B. mit Veilchen, Tagetes, Ringelblumen, Borretsch und Malven, sät man ab April entweder in Reihen oder breitwürfig im Freiland aus und hält das Beet gleichmäßig feucht, bis die Sämlinge erscheinen. Dünnen Sie die Pflanzen auch in der Reihe auf einen Abstand von ca. 20 cm aus, das fördert eine reichhaltige Blüte.
ERNTE UND VERWENDUNG: Blüten welken rasch, deshalb pflückt man sie erst kurz vor der Verwendung. Ganze Blüten können Sie in einer Schale mit Wasser einige Stunden frisch halten. Möglichst nicht waschen oder nur kurz in kaltem Wasser schwenken. Um versteckte Insekten loszuwerden, schüttelt man die Kelche kopfüber aus. Werden nur die Blütenblätter verwendet, diese erst beim Anrichten auszupfen. Bei Gänseblümchen, Hornveilchen, echten Veilchen, Borretsch und Gewürztagetes kann man die ganzen Blüten essen. Die Kelche von Rosenblüten, Ringelblumen und Löwenzahn schmecken ziemlich bitter, also zupft man nur die Blütenblätter für die Weiterverwendung ab.

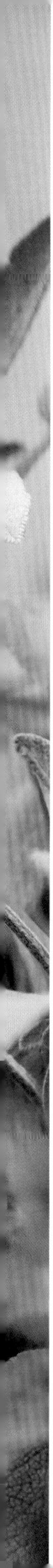

SOMMER

Ein Kräutergarten ist eine Fundgrube für alle Sinne. Schon der Duft von Blättern und Blüten versetzt uns in Sommerlaune! Entdecken Sie neue Aromen – jetzt ist die beste Zeit dazu.

Hochsaison im Kräutergarten

Der Kräutergarten mit mediterranen Gewürzen ist eine Fundgrube für Genießer. Der vielfältige Duft von Blättern und Blüten versetzt uns in Ferienstimmung und macht Sommerlaune.

› Der Buntblättrige Salbei *(Salvia officinalis tricolor)* lässt sich wie Gartensalbei im Sommer leicht über Stecklinge vermehren.

Kräutergärtner packt jetzt das Erntefieber! Dabei können Sie auch gleich den Rückschnitt erledigen und Stecklinge für die Vermehrung sammeln.

Aromen für jetzt oder später

Bei vielen Kräutern ist der richtige Erntetermin von entscheidender Bedeutung. Schließlich hängt davon der Gehalt an geschmacksgebenden und gesundheitsfördernden Inhaltsstoffen ab.

- Blätter sind in der Regel bei Blühbeginn am aromatischsten. Die Ausnahme ist z. B. Lavendel.
- Wählen Sie für die Ernte einen warmen, trockenen, aber leicht bedeckten Vormittag, wenn die Kräuter ganz prall sind. Warten Sie aber so lange ab, bis der Tau verdunstet ist.
- Blüten sollten sich gerade ganz geöffnet haben.
- Samen ernten Sie besser »taufrisch«: Sie fallen bei trockenen Fruchtständen leicht ab.

Sommerpflege für Kräuter

Bei rechtzeitigem Rückschnitt, Gießen, Düngen und regelmäßiger Kontrolle auf Krankheiten und Schädlinge ist die Kräutersaison noch lange nicht zu Ende.

Bei der Ernte gleich zurückschneiden

Natürlich können Sie, wenn Sie nur kleine Mengen brauchen, einfach ein paar Blätter oder Triebspitzen abpflücken. Bei manchen Kräutern lohnt es sich aber, die Schere beherzter anzusetzen (→ Seite 142/143).

- Weiche Kräuter wie Dill, Blattkoriander oder Basilikum kürzen Sie um ein Drittel ein.
- Kürzen Sie die weichen Triebspitzen jeweils knapp oberhalb der bereits verholzten Zweigabschnitte von Salbei, Rosmarin und Thymian ein.

- Die Triebe von Zitronenmelisse und Minze schneiden Sie bei Blühbeginn eine Handbreit über dem Boden zurück. So regen Sie den Neuaustrieb an.
- Einige Kräuter, z. B. Basilikum, Oregano, Majoran sowie Lavendel, haben ihr optimales Aroma zu Beginn und während der Vollblüte.
- Im Hochsommer ist bei Thymian, Lavendel, Ysop und anderen Arten, die im unteren Bereich verholzen, ein zweiter Rückschnitt fällig. Kürzen Sie die Triebspitzen knapp über den verholzten Stängelteilen ein. So verjüngen sich die Halbsträucher und verkahlen nicht von unten. Nach Mitte August nicht mehr schneiden, weil der Neuaustrieb dann vor dem Frost nicht richtig ausreifen kann. Halbsträucher frieren dann häufig so stark zurück, dass sie nicht mehr zu retten sind.

Wenn der Regen auf sich warten lässt

Während Trockenperioden kommen auch im Kräutergarten Wasserschlauch und Gießkanne zum Einsatz (→ Seite 40/41). Ganz wichtig: sparsam gießen! Warten Sie, bis die Erde nahezu ausgetrocknet ist. Im Beet genügt eine Wassergabe pro Woche.
Im Topf muss man auch hitzegewohnte Arten wie Thymian und Rosmarin regelmäßig gießen. Selbst wenn diese Halbsträucher in ihrer Heimat scheinbar wochenlang ohne Nass auskommen – wer einmal versucht hat, in der italienischen Macchia wild wachsenden Thymian auszugraben, weiß, wie tief die Wurzeln in der steinigen Erde reichen! Kleine Töpfe und Balkonkästen brauchen an sonnigen Tagen täglich Wasser, bei größeren Kübeln und Kästen müssen Sie nur alle drei Tage für Nachschub sorgen. Vertrauen Sie auf die Fingerprobe: Fühlt sich die Erde bis in 5 cm Tiefe trocken an, ist es Zeit fürs Gießen.

Für den kleinen Nährstoffhunger

Kräftig wachsende Kräuter wie Liebstöckel, Schnittlauch, Zitronenmelisse, Sauerampfer, Minzen und Fenchel sind für eine zweite Reifkompostgabe im Juni dankbar. Arbeiten Sie hierzu eine Schicht von 1 cm Höhe oberflächlich in die Erde ein.
Topfkräuter dagegen brauchen häufiger Nachschub. Hierfür eignen sich spezielle Bio-Kräuterdünger. Berücksichtigen Sie auch dabei, dass manche Arten mehr, andere weniger Nährstoffe brauchen. Mehrjährige getopfte Pflanzen erhalten im August ihre letzte Düngerration, damit die Triebe vor dem Winter noch ausreifen können.

Haben Sie ein Auge auf Schaderreger!

Obwohl Auslesen und gezüchtete Kräuter-Sorten den jeweiligen Wildformen viel näherstehen, als die Kultursorten den wilden Vorläufern unserer Obst- und Gemüsearten, sind auch sie nicht völlig immun gegen Schädlinge und Krankheitserreger. Falls es Ihre Schützlinge erwischt hat, sollten Sie rasch handeln (→ Seite 44/45). Manchmal helfen auch einfache Tricks, größere Ausfälle rechtzeitig zu vermeiden.

- Pflanzen Sie betroffene Kräuter an einen günstigeren, sonnigeren Standort mit magerem Boden: Zu viel Stickstoff macht anfällig gegen Krankheiten.
- Unterstützen Sie die Widerstandskraft mit Pflanzenauszügen aus Schachtelhalm (→ Seite 46/47). Das Bestäuben der Aussaaterde mit Algenkalk oder Urgesteinsmehl beugt einem Befall durch Bodenpilze, z. B. Wurzelhals- und Stängelfäule, vor.
- Minzen und Melisse leiden im Spätsommer oft unter Rost- oder Mehltaubefall. Schneiden Sie sie bis kurz über den Erdboden zurück. Darauf treiben die Pflanzen aus der Basis wieder kräftig aus.

Stecklingsvermehrung

Hierfür eignen sich die meisten ausdauernden Kräuter wie Rosmarin oder Bergbohnenkraut. Kappen Sie Triebspitzen in der Zone zwischen noch grünen und leicht holzigen Stängelteilen unterhalb einer Blattachsel. Entfernen Sie bei kleinblättrigen Arten wie Thymian alle Blätter im unteren Stängelbereich. Belassen Sie bei großblättrigen Kräutern wie Zitronenverbene an der Triebspitze nur 2–3 Blätter und kürzen Sie diese evtl. um die Hälfte ein. Die Triebenden etwas antrocknen lassen und in feuchte Anzuchterde stecken. Bis zum Bewurzeln mit einer Kunststoffhaube oder Folie abdecken.

Kräuter ernten und vermehren

Gut, wenn Sie Ihre Kräuter auf mal weniger, mal mehr besonnte Plätze verteilt haben. Die Pflanzen entwickeln sich dann unterschiedlich rasch, und Sie können sich die Zeit für die Ernte und den Rückschnitt besser einteilen. Mehrjährige Kräuter lassen sich im Sommer leicht über Stecklinge vermehren. Die Vermehrung über Absenker ist noch einfacher und erfolgversprechender, aber nur dann sinnvoll, wenn Sie wenige Jungpflanzen nachziehen möchten.

Salbei ernten Sie vor der Blüte Ende Mai/Anfang Juni. Dabei die Zweige um ein Drittel kürzen. Im August dann nur noch die Triebspitzen ernten.

Was Sie dafür benötigen:

Kräuterschere

Gartenschere

Küchenschere

Drahtkrampen

Zitronenmelisse schneiden Sie bereits kurz bevor sich die Blütenknospen öffnen etwa eine Handbreit über dem Boden ab. Der tiefe Schnitt sorgt für einen kräftigen Neuaustrieb. Tipp: An Tagen mit leicht bedecktem Himmel ist der Gehalt an ätherischen Ölen am höchsten.

Lavendelblüten ernten Sie von Ende Juni bis Anfang Juli, sobald sich fast alle Ähren geöffnet haben. Schneiden Sie die Blütenstängel mit der Gartenschere 10–15 cm unterhalb der Ähre ab. Direkt im Anschluss, spätestens Mitte August, verpassen Sie den Sträuchern mit der Heckenschere noch den typischen, kuppelartigen Formschnitt.

Als Stecklinge für die Vermehrung (→ Seite 141) eignen sich reife, aber nicht verholzte Triebspitzen. Setzen Sie die Schere knapp oberhalb der Zone an, wo der Stängel zu verholzen beginnt.

Thymian, Rosmarin, Oregano und Salbei können Sie über Absenker vermehren. Dafür entblättern Sie im Juni/Juli flache, wenig verholzte Triebe ohne Blüte bis auf die Spitze. Den Stängel betten Sie 10 cm tief in lockere feuchte Erde ein. Die Triebspitze sollte steil herausschauen. Den Stängel mit einer Metallklammer oder einem Stein fixieren. Im Herbst oder folgenden Frühling hat er sich bewurzelt. Dann abschneiden und an die gewünschte Stelle umpflanzen.

Mediterrane Kräuter

Wer könnte an Rosmarin, Salbei oder Lavendel vorübergehen, ohne ein paar Blättchen zwischen den Fingern zu zerdrücken und die sinnlichen Aromen tief einzuatmen? In der Sommersonne entfalten auch Bohnenkraut und Estragon ihre ganze Würzkraft.

Bohnenkraut

Satureja hortensis und *S. montana* ☼

Lichtkeimer | Pflanzabstand: 25–30 cm

Nährstoffbedarf: **gering**
Familie: **Lippenblütler, Anbauabstand 3–5 Jahre**
Boden: **locker, sandig, wasserdurchlässig**
Aussaat: **Vorkultur ab April, Direktsaat Mai bis Juli**
Kulturdauer: **einjähriges Bohnenkraut 12–24 Wochen, mehrjähriges Bohnenkraut ca. 16 Wochen ab Pflanzung**

ANBAU/PFLEGE: Das einjährige Gartenbohnenkraut (*S. hortensis*) sät man direkt ins Beet und vereinzelt die Pflanzen, sobald sie sich zu verzweigen beginnen. Das winterharte mehrjährige Winter- oder Bergbohnenkraut (*S. montana*) bildet kleine, niedrige Büsche. Im Beet genügt eine Kompostgabe im Frühjahr. Bohnenkraut gedeiht noch besser, wenn man rundherum etwas Algenkalk einarbeitet. Die höheren Arten und Auslesen schneidet man im Frühjahr zurück. Sie treiben danach zuverlässig wieder aus.
AUF DEM BALKON: Geeignet sind das rosa blühende Bergbohnenkraut, das Kriechende Bergbohnenkraut (*S. spicigera*) mit polsterartigem Wuchs und weißen Blüten und das Zwerg-Bergbohnenkraut (*S. montana* subsp. *illyrica*) mit blau-violetten Blüten. Topfen Sie die Pflanzen jährlich in frische Erde um. Im Sommer mäßig gießen und Staunässe vermeiden.
SCHÄDLINGE UND KRANKHEITEN: sehr selten
BEETPARTNER: Busch- und Stangenbohnen
GUTE SORTEN: **Gartenbohnenkraut** 'Aromata'; **Bergbohnenkraut** 'Aromakugel'; **Zitronen-Bergbohnenkraut** (*S. montana* var. *citriodora*)
ERNTE UND VERWENDUNG: Einjähriges Bohnenkraut für eine zweite oder dritte Ernte nicht zu tief schneiden. Bei mehrjährigen Arten ganze Zweige kappen. Diese lassen sich gut trocknen.

› Einjähriges oder Gartenbohnenkraut

› Winter- oder Bergbohnenkraut ist mehrjährig.

☼ sonnig ◐ halbschattig (mindestens 6 Std. Sonne am Tag)

Estragon

Artemisia dracunculus var. *sativa* ☼ ◑

Pflanzabstand: 30–40 cm

ANBAU/PFLEGE: Wenn möglich, gibt man beim Kauf dem Französischen Estragon den Vorzug und pflanzt im Herbst oder Frühjahr. Die Pflanzen blühen nicht, müssen also über Stecklinge oder Absenker vermehrt werden. Russischer Estragon lässt sich leicht aus Samen ziehen. Er ist denkbar anspruchslos und wächst auf jedem Gartenboden, der grazilere Französische Estragon braucht einen sonnigen Platz mit durchlässiger, aber nährstoffreicher Erde. In kühleren Lagen und bei schwerer, lehmiger Erde überstehen die Pflanzen den Winter oft nicht. Anbauabstand 3 Jahre.
SCHÄDLINGE UND KRANKHEITEN: Rostpilze, Wurzelälchen
BEETPARTNER: Basilikum, Fenchel, Salat
GUTE SORTEN: Man unterscheidet nur zwischen 2 Formen: Französischem und Russischem Estragon.
ERNTE UND VERWENDUNG: Ernte der jungen Triebspitzen, einzelner Blätter oder ganzer Triebe (eine Handbreit über dem Boden) im Sommer. Nicht zum Trocknen geeignet.

Currykraut

Helichrysum angustifolium (Syn. *H. italicum*) ☼

Lichtkeimer | Pflanzabstand: 40–60 cm

ANBAU/PFLEGE: Currykraut verlangt wasserdurchlässige, sandige Böden. Die beste Pflanzzeit ist ab April. Wie Lavendel schneidet man die Sträucher nach der Blüte und erneut im zeitigen Frühling zurück. Anders als Lavendel treibt Currykraut auch aus den verholzten Zweigteilen wieder aus. Vermehrung durch Stecklinge, sie bewurzeln innerhalb von 4 Wochen. Saatgut keimt nach ca. 14 Tagen. An einem geschützten Platz und auf warmen Böden kann Currykraut mit etwas Schutz im Freien überwintern.
AUF DEM BALKON: Currykraut ist auf dem Balkon nicht ausreichend winterhart. Deshalb im Haus überwintern.
BEETPARTNER: Lavendel, Salbei, Ysop, Bergbohnenkraut
GUTE SORTEN: 'Silbernadel': kompakt wachsend, schmale, silbrige Blätter, 'Weißes Wunder': »Schnee-Currykraut«, fast weiße Blätter, goldgelbe Blüten, gilt als kältefest
ERNTE UND VERWENDUNG: Ganze Zweige im Lamm- oder Gemüseeintopf mitkochen. Sparsam verwenden!

Minze

Mentha ☼ ◑

Lichtkeimer | Pflanzabstand: 40–50 cm

Nährstoffbedarf: **mittel bis hoch**
Familie: **Lippenblütler, Anbauabstand 5 Jahre**
Boden: **feucht, nährstoffreich**
Aussaat: **ab April**
Pflanzung: **ab September**
Kulturdauer: **6 Monate ab Pflanzung, 10–12 Monate ab Aussaat**

Die Familie der Minzen ist riesig. Außer als Tee wird Minze bei uns kulinarisch wenig genutzt. Schade, denn gerade die mentholarmen, weniger »minzigen« Spielarten verleihen Sommergerichten kühle Frische. Wild wachsende Minzen wie Wasserminze, Acker- und Rossminze, Wohlriechende und Poleiminze erkennt man am auch für Auslesen und Sorten typischen vierkantigen Stängel und an dem mal mehr, mal weniger kräftigen Minzeduft. Zu den Allroundern in der Hausapotheke, als Teekraut und in der Küche gehört die Englische Pfefferminze.

ANBAU/PFLEGE: Die Echte Pfefferminze kann, wie die meisten Minzearten, nur über Ausläufer (am besten im Herbst oder Frühjahr) oder Stecklinge im Sommer vermehrt werden, weil sie keine Früchte ausbildet. Abgeschnittene Triebspitzen bewurzeln jedoch rasch, das gelingt sogar im Wasserglas. Die anderen Minzen kann man aussäen, aber es lohnt sich nicht, da sich zugekaufte Pflanzen rasch ausbreiten und man meist eher zu viel als zu wenig Minze im Garten hat. Den beachtlichen Nährstoffhunger stillt man mit zwei Kompostgaben. Die erste gibt's zum Austrieb im März, die zweite im Sommer nach dem Rückschnitt. Um Minzerost vorzubeugen, die Wurzeln nach 2–3 Jahren ausgraben und einen oder mehrere Teile an einen neuen Ort versetzen.
AUF DEM BALKON: Alle Minzen können im Topf gezogen werden – vorausgesetzt, er ist groß genug und steht nicht direkt in der Sonne. Für ein mehrjähriges Minze-Vergnügen die Pflanzen jedes Frühjahr in frische Erde umtopfen. Zu den Balkonschönheiten zählt die Schokoladenminze mit ihren rötlichen Blättern, dunkelvioletten Stielen und lilafarbenen Blütenähren.
SCHÄDLINGE UND KRANKHEITEN: Minzerost (Pilz), Erdflöhe (auf jungen Blättern), Minzekäfer

› Englische Pfefferminze 'Mitcham'

› Marokkanische Minze

☼ sonnig ◑ halbschattig (mindestens 6 Std. Sonne am Tag)

ERNTE UND VERWENDUNG: Als Teekraut, für orientalisch inspirierte Gerichte und Süßspeisen (→ Tabelle) pflückt man die frischen Triebe und streift die Blätter von Hand ab. Bei Blühbeginn Mitte Juli erntet man die Pflanzen komplett ab, dann enthalten sie die meisten Wirkstoffe. Zum Trocknen breitet man die Blätter am besten auf einem Trockenrahmen aus.

INHALTSSTOFFE: Menthol prägt den Geschmack von Ackerminze, Pfefferminze und Grüner Minze. Der Stoff sorgt für den charakteristischen Duft und hinterlässt am Gaumen neben milder Schärfe auch das typische Kältegefühl. Wenig oder kaum Menthol ist in den Blättern der Marokkanischen Minze und der Fruchtminzen, von Erdbeer- bis Grapefruitminze, enthalten.

TIPP: Alle Minzen haben gemeinsam, dass sie wuchern. Meist erhält man dann den Tipp, die Pflanzen in Töpfe ohne Boden zu setzen, um dadurch ihre Ausbreitung einzuschränken. Die Topfwände müssen aber 40 cm tief in den Boden reichen und mindestens 10 cm hoch über das Erdniveau hinausragen, sonst ist die Mühe vergeblich. Besser ist, man lässt die Minzen wuchern, gibt ihnen ein eigenes Beet und sticht die störenden Triebe mit einem Spaten ab, wenn es einem zu viel wird. Die Ausläufer kann man in 20 cm lange Stücke schneiden und an anderer Stelle neu pflanzen.

› Sind die Pflanzen an den Ausläufern groß genug, gräbt man sie aus und pflanzt sie an einer anderen Stelle neu ein.

Minzen für den Biogarten

ART/SORTE	AROMA	VERWENDUNG
Pfefferminze *(Mentha × **piperita**, z. B. 'Mitcham')*	scharf-pfeffrig, starker Duft	Salatsoßen, Lammgerichte, Desserts und Tee – sparsam verwenden
Orangenminze *(Mentha × **piperita** var. citrata)*	fruchtig-scharf mit Orangennote	Tee, selbst gemachte Limonade, Süßspeisen, Erdbeerbowle
Schokoladenminze *(Mentha × **piperita** var. piperita* 'Chocolate' oder 'Schoko')	süßer, weicher Mentholduft, scharfes Aroma	zu allen Süßspeisen mit Schokolade
Grüne oder Krause Minze *(Mentha spicata)*	mildes, frisches Pfefferminzaroma	sommerliche Gemüsesuppen, Hackfleischbällchen, Obstsalat, Minzezucker
Marokkanische Minze *(Mentha **spicata*** 'Marokko')	süßer, kühler Geschmack mit feiner, minziger Schärfe	Kräutertee (mild, auch für Kinder), Joghurtdips, afrikanisch inspirierte Gerichte, z. B. Taboulé

Zitronenmelisse

Melissa officinalis ☼ ◐

Lichtkeimer | Pflanzabstand: 35–40 cm

ANBAU/PFLEGE: Melisse liebt nährstoffreiche Böden, Sonne und feuchte Wurzeln. Oft verbreiten sich die Pflanzen selbst im Garten, man kann sie auch aussäen (Vorkultur) und durch Stecklinge vermehren. Ab dem zweiten Anbaujahr die Stängel knapp über dem Boden zurückschneiden, sobald sie Blütenknospen ansetzen. Nach vier Jahren die Stöcke im Herbst teilen und die Teilstücke an anderer Stelle einpflanzen.
TIPP: Ein bis zwei Pflanzen sollte man in den lichten Halbschatten setzen, weil sie später erntereif und dann beerntet werden, wenn die Sonnenkinder nach dem Rückschnitt nachwachsen.
SCHÄDLINGE UND KRANKHEITEN: Nacktschnecken, Rostpilze
BEETPARTNER: Minze, Liebstöckel, Basilikum, Erdbeeren
GUTE SORTEN: *Melissa officinalis* 'Binsuga' und 'Limoni'
ERNTE UND VERWENDUNG: Blätter oder Triebspitzen vor der Blüte ernten, blühende Melisse wird herb und seifig.

Majoran

Origanum majorana ☼

Lichtkeimer | Pflanzabstand: 20–25 cm

ANBAU/PFLEGE: Die Vorkultur in Schalen bei Temperaturen von 18–20 °C ist ab April möglich. Ins Freie dürfen die wärmeliebenden Pflanzen erst im Mai. Majoran ist nicht ausreichend winterhart und muss somit jedes Jahr neu ausgesät oder zugekauft werden. Ausnahme: Ligurischer Majoran. Kurzfristig überstehen die Pflanzen im Frühbeet oder mit etwas Winterschutz Temperaturen bis –5 °C. Weil Majoran anfangs sehr langsam wächst, macht sich dazwischen oft Unkraut breit. Also oft jäten!
AUF DEM BALKON: Ein sonniger Balkon ist ideal für die Freiluftsaison, im Winter zieht Majoran an einen 10–15 °C kühlen, dabei aber möglichst hellen Fensterplatz um.
SCHÄDLINGE UND KRANKHEITEN: Pilzkrankheiten, vor allem an jungen Sämlingen
GUTE SORTEN: *Origanum majorana* 'Liguria' und 'Kreta'
ERNTE UND VERWENDUNG: Die Ernte erfolgt vor oder während der Blüte ab Mai bis Oktober. Dabei schneidet man die Pflanzen auf etwa 5 cm Höhe über dem Boden zurück. Bei günstiger Witterung ist dann eine zweite Ernte im Herbst möglich. Die ätherischen Öle bleiben auch beim Trocknen erhalten.

 ☼ sonnig ◐ halbschattig (mindestens 6 Std. Sonne am Tag)

Oregano

Origanum vulgare ☼

Lichtkeimer | Pflanzabstand: 30–60 cm

ANBAU/PFLEGE: Oregano ist generell anspruchslos. Düngen schadet dem Aroma, eine Kompostgabe im Frühjahr und ein wenig Kalk sind willkommen. Anders als beim eng verwandten Majoran sind alle Arten und Sorten winterfest. Vermehren lässt sich der Lippenblütler langwierig über Samen, aber viel einfacher über Absenker, die rasch bewurzeln. Im Frühjahr und nach der Blüte auf ca. 5 cm Höhe über dem Boden zurückschneiden.
AUF DEM BALKON: Blüten- oder Blumenoregano bezaubert mit grazilen, hohen Stängeln und violetten Blütenbüscheln im Topf und Pflanzkübel. Auch das Blattaroma ist bemerkenswert!
SCHÄDLINGE UND KRANKHEITEN: Rostpilze
BEETPARTNER: Salbei, höhere Thymianarten
GUTE SORTEN: **Blumenoregano** *Origanum × laevigatum* 'Aromatico'; **Zwergoregano** *Origanum vulgare* 'Compactum': pflegeleichter Bodendecker, gutes Aroma, *Origanum creticum*: sehr aromatisch, *Origanum onites*: für Pizza und Pasta
ERNTE UND VERWENDUNG: Trocknen verstärkt das Aroma.

Lavendel

Lavandula angustifolia ☼ ◑

Lichtkeimer | Pflanzabstand: 40–60 cm

ANBAU/PFLEGE: Lavendel wächst auf kalkhaltigen, sandigen, nährstoffarmen Böden in praller Sonne. Der häufigste Fehler bei der Pflanzung: Die Jungpflanzen werden zu dicht gesetzt. Zwischen den Pflanzen vorsichtig hacken, um die empfindlichen Wurzeln zu schonen. In milden Regionen können Sie auch im Herbst pflanzen. Ältere Sträucher verholzen stark und brechen dann auseinander. Etwa alle 10 Jahre sollte man für Ersatz sorgen, beispielsweise durch Stecklingsvermehrung.
AUF DEM BALKON: Gut als Solist in großen Einzeltöpfen; den Topfballen im Winter vor dem Durchfrieren schützen!
SCHÄDLINGE UND KRANKHEITEN: Blattflecken durch Pilzbefall, Wanzen, Lavendelmotte, Bakterienbefall infolge von Zikaden
GUTE SORTEN: *Lavandula angustifolia* 'Lumière des Alpes', 'Luberon', 'Lady': rasch wachsend, für Töpfe
ERNTE UND VERWENDUNG: Ernte zur Blütezeit Anfang Juli. Die Blüten eignen sich nicht nur für Duftkissen, Seife und Parfums, sondern auch für Desserts oder Konfitüre.

Gartenthymian

Thymus vulgaris ☼

Lichtkeimer | Pflanzabstand: 40 cm

ANBAU/PFLEGE: Gartenthymian benötigt einen durchlässigen, schottrigen, kalkhaltigen Boden in voller Sonne. Zwar entwickelt er sich bei ausreichendem Licht auch in feuchten, lehmigen Böden zunächst prächtig. Weil er wegen des hohen Nährstoff- und Wasserangebots aber nur oberflächlich wurzelt, erfriert er im Winter.
AUF DEM BALKON: Das Durchfrieren ist auch auf Balkon und Terrasse ein Problem. In großen Pflanzkübeln, zusammen mit anderen Kräutern, sind die Überlebenschancen deutlich höher als im Balkonkasten. Die Erde fast austrocknen lassen und dann großzügig gießen.
BEETPARTNER: Bergbohnenkraut, Ysop, niedrige Zistrosen
GUTE SORTEN: **Orangenthymian** (*T. fragrantissimus*): warmes Orangenaroma; **Zitronenthymian** (*T. citriodorus*) 'Villa Nova': klarer Zitronenduft
ERNTE UND VERWENDUNG: Thymian ist ein Muss in der mediterranen Küche. Zum Trocknen Thymian erst ernten, wenn sich die kleinen Lippenblüten öffnen.
INHALTSSTOFFE: Thymiantee hilft bei Husten.

Rosmarin

Rosmarinus officinalis ☼

Pflanzabstand: 40–50 cm

ANBAU/PFLEGE: Speziell für nördliche Regionen gezüchtete Sorten überstehen kurzfristig bis –15 °C, sind aber durch anhaltende Kahlfröste hoch gefährdet. Jungpflanzen sollten ihren ersten Winter auf jeden Fall an einem möglichst kühlen, aber frostfreien Platz verbringen. Ältere, bereits ausgepflanzte Rosmarinsträucher brauchen vor allem während der Frühjahrsblüte Schutz. Frostschäden werden oft erst im Frühjahr bemerkt.
SCHÄDLINGE UND KRANKHEITEN: Weiße Fliege (Kohlmottenschildlaus), bei Überwinterung im Haus Rote Spinne, Schildläuse
BEETPARTNER: Rosen, Salbei, Lavendel
GUTE SORTEN: 'Majorcan Pink': rosa Blüten, kriechender Wuchs, 'Upright White': weiße Blüten, aufrechter Wuchs, kaum winterhart, für Balkon geeignet, 'Weihenstephan': winterhart bis –10 °C, 'Arp': winterhart bis –20 °C
ERNTE UND VERWENDUNG: Lässt sich gut trocknen.

☼ sonnig ◐ halbschattig (mindestens 6 Std. Sonne am Tag)

Gartensalbei

Salvia officinalis ☼

Pflanzabstand: 40–50 cm

ANBAU/PFLEGE: Salbei entwickelt sich an einem warmen, geschützten Platz und auf kalkreichen Böden zu kniehohen Sträuchern. Sehr humusreiche Erde ist ungeeignet. Die meisten Sorten sind winterhart. Ausnahme: gelblaubige Auslesen. Wenn die Sträucher nach vielen Jahren verholzen, sollten sie ersetzt werden. Neue Pflanzen lassen sich leicht aus Stecklingen ziehen.
AUF DEM BALKON: Buntlaubiger Salbei passt wegen des ähnlichen Nährstoffbedarfs zu anderen Balkonkräutern.
SCHÄDLINGE UND KRANKHEITEN: sehr selten
BEETPARTNER: höhere Kräuter wie Lavendel, Rosmarin oder Blumenoregano und niedrige Duftrosen
GUTE SORTEN: 'Berggarten', 'Rotmühle': buntblättrig; **Gelbbunter Salbei** (*Salvia officinalis*) 'Icterina'; **Rotblättriger Salbei** (*Salvia officinalis*) 'Purpurascens': 30–40 cm hoch
ERNTE UND VERWENDUNG: Die Blätter erntet man laufend frisch vom Strauch. Vor der Blüte im Juni kappt man die Triebe 10–15 cm über dem Boden. Lässt sich trocknen.

Ysop

Hyssopus officinalis ☼ ◐

Lichtkeimer | Pflanzabstand: 30–40 cm

ANBAU/PFLEGE: Die ausdauernden Halbsträucher sind dankbare, hübsche Beet- und Balkonpflanzen. Die Aussaat erfolgt ab April im Haus, ab Mitte Mai dürfen die Pflanzen ins Freie. Eingewurzelter Ysop übersteht nicht zu strenge Winter auch im Beet. Nach dem Rückschnitt im Frühjahr und nach der Blüte treiben die Pflanzen wieder kräftig aus.
AUF DEM BALKON: Gut eingewurzelte Pflanzen in großen Töpfen oder Kübeln können den Winter draußen verbringen. Jungpflanzen brauchen etwas Schutz.
SCHÄDLINGE UND KRANKHEITEN: Rostpilze, Wurzelläuse
BEETPARTNER: Thymian, Oregano, Majoran
GUTE SORTEN: 'Himmelblau': hellblaue Blüten, *Hyssopus officinalis* var. *alba*: weiß blühend, Zwerg-Ysop (*Hyssopus officinalis nanus*): für Kästen, Töpfe und Dufthecken, *Hyssopus officinalis* var. *rosea*: mit rosa Blüten
ERNTE UND VERWENDUNG: Am besten schmecken frische Blätter kurz vor der Blüte (Juli bis Anfang August).

HERBST

Wenn die Septembersonne für angenehme Temperaturen sorgt, laufen viele Kräuter noch einmal zur Hochform auf. Dann heißt es die Zeit nutzen und einen Wintervorrat anlegen!

Saisonausklang im Kräutergarten

Die Ernte geht weiter. Sogar Aussaaten und Pflanzungen stehen noch an. Zuweilen machen sich allerdings auch schon die Vorboten des Winters bemerkbar. Da heißt es, kälteempfindlichen Arten etwas Schutz zu bieten.

› Wer eine Umrahmung aus Kräutern plant, kann vorhandene Pflanzen jetzt teilen und die Teilstücke rund um die Beete einpflanzen. Dafür eignen sich beispielsweise Schnittlauch und Heiligenkraut.

Auch wenn es draußen kälter wird, brauchen Sie auf frische Kräuter nicht zu verzichten.

Ernten bis weit in den Winter

Im September/Oktober können Sie durch Vermehrung, Winterschutz und Eröffnung der Zimmergarten-Saison weiter für die Zukunft vorsorgen. Winter- und immergrüne Halbsträucher, von Bohnenkraut über Thymian bis Ysop, liefern bis zum Einbruch frostiger Zeiten laufend frische Blätter. Wenn diese auch etwas weniger Aroma und dafür etwas mehr bittere Gerbstoffe enthalten, schmecken sie doch allemal besser als getrocknete Tee- und

Würzkräuter. Auch Petersilie und Rucola können noch viele Wochen beerntet werden. Die Blütezeit von Ringelblumen und Gewürztagetes lässt sich durch das regelmäßige Ausschneiden abgeblühter Triebe bis weit in den Herbst hinein verlängern. Und die pikanten Blüten der Kapuzinerkresse können Sie ebenso noch bis zum ersten Frost pflücken.

Aussaaten – draußen und drinnen

Nicht verpassen sollten Sie die letzten Aussaattermine für ein- und zweijährige Küchenkräuter. Rucola und Kresse keimen in feuchter Erde bis Oktober innerhalb weniger Tage und schmecken viel milder als im Hochsommer. Kamille, Kerbel und Koriander können ebenfalls noch einmal ausgesät werden. Wie Petersilie und Schnittlauch gedeihen sie auch am hellen Küchenfenster. Stellen Sie die Töpfe dort nur einreihig auf: Pflanzen in der zweiten Reihe hungern nach Licht und bilden lange Triebe mit wenig Grün.

Teilen bringt doppelte Freude

Wenn Sie planen, im nächsten Jahr die Kräuterecke zu erweitern, ist der September eine gute Zeit dafür, den Anfang zu machen. Frauenmantel, Pimpinelle, Liebstöckel und Schnittlauch lassen sich jetzt ganz einfach durch Teilung vermehren. Wichtig: Nach dem Pflanzen die Teilstücke mit Kompost düngen und die Erde bis zum Einwurzeln gut feucht halten. Mittelmeerkräuter können Sie bis Anfang Oktober setzen: Kräftige Jungpflanzen schlagen in warmer, nährstoffreicher Erde rasch Wurzeln und sind bis zum Einbruch des Winters ausreichend frostfest.

Wenn der erste Frost droht

Halten Sie genügend Mulchmaterial, Fichtenreisig und Gärtnervlies bereit: Damit bedecken Sie die Jungpflanzen im Beet, sodass sie den ersten Nachtfrösten nicht schutzlos ausgeliefert sind. Das gilt ganz besonders für die kälteempfindlichen Kräuterarten wie Thymian, Salbei, Rosmarin, Currykraut, Heiligenkraut sowie Bergbohnenkraut.

Schnittlauch von der Fensterbank

Als es noch keine Tiefkühltruhen und Supermärkte gab, trieb man über den Winter im Haus Schnittlauch an. Das gelingt nur, wenn er eine gewisse Zeit der Kälte ausgesetzt war. Falls Sie das probieren möchten, graben Sie die zum Treiben bestimmten Stöcke im Oktober aus. Einfach am Beetrand ablegen: Waren die Wurzeln einmal durchgefroren, können Sie ihn nach und nach ins Warme holen.

Kraftpakete Sprossen und Keime

Sobald draußen weniger zu ernten ist, sorgt der Zimmergarten für Vitamine. Im Naturkostladen finden Sie spezielles Saatgut für Keimlinge oder Grünsprossen. Ebenso gut können Sie unbehandeltes Biosaatgut verwenden. Bunt wird es auf dem Teller mit Rote-Bete- oder Rotkohl-Sprossen. Wer es würzig mag, probiert Rucola und Asia-Salate.

- Zum Ausprobieren reicht ein größeres Marmeladenglas, das Sie mit etwas Baumwollgaze oder Käseleinen überspannen.
- Tonschalen sind attraktiver, müssen aber nach jedem Keimdurchgang penibel gereinigt werden.
- Kultursets mit stapelbaren Schalen oder Gläser in einem passenden Abtropfrahmen sind praktisch, wenn man viele Keimlinge oder gleichzeitig mehrere Sorten ziehen möchte.

Und so geht's: 1–2 Esslöffel Samen in der vierfachen Menge Wasser zwölf Stunden einweichen. Wasser abgießen, Samen in einem Sieb auffangen und ins Keimgefäß geben. Die Samen dürfen nicht zu dicht liegen und nie austrocknen! Hell stellen. Täglich morgens und abends mit kaltem Wasser gut durchspülen und abtropfen lassen. Keimlinge können Sie nach 4–10 Tagen ernten, Grünsprossen benötigen 7–12 Tage, bis sie Blättchen gebildet haben.

PRAXISTIPP

Im Herbst gepflanzte Kräuter können bei Frost **»hochfrieren«**. Sehen Sie ab und zu nach Ihren Schützlingen und drücken Sie den Wurzelballen fest zurück in die Erde, sobald der Boden wieder offen ist. Bei mildem, trockenem Wetter gießen und wintergrüne Arten wie Salbei mit einer Reisigabdeckung vor Wintersonne schützen. Sonst verdunsten sie zu viel Wasser und vertrocknen.

Gut eingepackt

Die meisten Kräuter sind kältefester, als man denkt! Dennoch ist es ratsam, empfindlichere Arten wie Rosmarin zu schützen. Beim Aufräumen im Frühherbst fällt genügend Laub zum Mulchen an. Tannen- oder Fichtenreisig zum Abdecken kann man kaufen, oder man sammelt beim Waldspaziergang von den Herbststürmen herabgefegte Zweige und Äste. Sobald keine tiefen Fröste mehr zu erwarten sind, brauchen die Pflanzen wieder Luft und Licht.

Thymian mag keinen kalten Wind. Besonders empfindlich ist Zitronenthymian. Decken Sie die Pflanzen mit Nadelreisig ab. Dann ist auch der Wurzelbereich geschützt.

Was Sie dafür benötigen:

Handschuhe

Reisig

Vlies

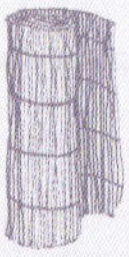

Schilfmatte

Stroh oder Laub

Topfkräuter auf dem Balkon und der Terrasse sind der Kälte viel stärker ausgesetzt als die Pflanzen im Freiland. Umwickeln Sie die Töpfe – nicht die Pflanzen – daher mit dickem Vlies oder einer Schilfrohrmatte und stellen Sie diese auf eine Styropor- oder Holzplatte. Wichtig: Wintergrüne Arten wie Salbei oder Currykraut und immergrünen Rosmarin an frostfreien Tagen gießen.

Eine 10–20 cm dicke Mulchschicht aus gehäckseltem Stroh oder Herbstlaub verhindert, dass der Boden bei Dauerfrost bis in tiefere Schichten durchfriert. Die Strohdecke isoliert nicht nur gegen Kälte. Sie sollte entfernt werden, sobald keine längere Kälteperiode mehr zu befürchten ist, damit sich der Boden erwärmen kann.

Schnee fördert bei Lavendel Pilzbefall und belastet die Zweige. Decken Sie die Sträucher mit Wintervlies ab. Bei trockenem Wetter Schnee abfegen oder abschütteln und das Vlies zum Lüften abnehmen.

Kleine Kräutertöpfe und Balkonkästen frieren innerhalb kurzer Zeit völlig durch. Stellen Sie die Kästen an einem geschützten Ort einfach in einen zweiten, größeren Kasten. Auf den Boden und zwischen die Seitenwände stopfen Sie Herbstlaub oder füllen feinen Rindenmulch ein. Tipp: Einzeltöpfe in größeren Gefäßen oder einer Holzkiste gruppieren. Für anhaltende Frostperioden Tannenreisig zum Abdecken bereitlegen. An milden Wintertagen das Gießen nicht vergessen!

Topfkräuter überwintern

Wärmebedürftige Topfkräuter vertragen etwas Frost. Riskieren Sie aber lieber nichts. Holen Sie die Pflanzen ins Haus, bevor sie kalte Füße bekommen. Helle Plätze sind begehrt, einige Arten können Sie auch im dunklen Keller in den Winterschlaf schicken.

› Nach kräftigem Rückschnitt überwintert Ananassalbei an einem dunklen, kühlen Ort.

Achten Sie auf den Wetterbericht: Bald wird es Zeit, weniger kältefeste Kräuter- und Gewürzpflanzen von Fensterbank und Balkon nach drinnen zu räumen.

Ab ins Winterquartier

Lassen Sie die Pflanzen am besten so lange wie möglich draußen: Für die meisten wärmebedürftigen Kübelpflanzen ist das Winterquartier nicht mehr als eine Notlösung. Nur bei optimalen Bedingungen, z. B. bei einem hellen Gewächshaus oder Wintergarten, können Sie schon im Oktober mit dem Auf- und Einräumen auf der Terrasse beginnen.

Die einen Arten früher, robuste später

Je nach Herkunft und Art kommen exotische Kräuter mit Kälte besser oder schlechter zurecht. Pflanzen mit weichen Blättern wie Kapknoblauch oder Süßkraut sind besonders empfindlich. Sie sollten vor dem ersten Frost an einen warmen, hellen Platz umziehen. Fallen die Temperaturen unter –5 °C, müssen auch Gewürzlorbeer, Fruchtsalbei und Afrikanisches Strauchbasilikum ins Haus. In raueren Lagen sollte man zudem junge Rosmarinsträucher und Französischen Estragon im Topf nicht dem langen Winter im Freien aussetzen. In wintermilden Lagen können sie dagegen gut geschützt auf dem Balkon überwintern (→ Seite 156). Thymian und mehrjähriges Bergbohnenkraut kommen mit Bedingungen wie in ihrer mediterranen Heimat und konstanten winterlichen Temperaturen um 0–5 °C bestens zurecht.

Hell und warm oder dunkel und kühl

Tageslänge und Lichtintensität reichen aufgrund des niedrigen Sonnenstandes hierzulande selbst im Wintergarten nicht aus, um mediterrane Bedingun-

So kommen exotische Kräuter gut über den Winter

NAME	LICHTBEDARF/TEMPERATUR	PFLEGETIPPS
Fruchtsalbei	ohne Rückschnitt möglichst hell, bei 5–15 °C, nach Rückschnitt auch dunkel bei ca. 5 °C	im zeitigen Frühling zurückschneiden
Gewürzlorbeer	hell, frostfrei aber möglichst kühl bei 6 bis max. 10 °C	den Topfballen nie völlig austrocknen lassen
Kapknoblauch	hell bei Zimmertemperatur, in einem dunklen Raum ziehen die Pflanzen ihre Blätter ein	bei Winternutzung alle 4 Wochen sparsam düngen
Rosmarin	hell und kühl bei 8–12 °C	ab Blühbeginn im Januar/Februar wieder häufiger gießen
Aztekisches Süßkraut	warm und sehr hell	im Winter alle 2 Wochen organischen Flüssigdünger ins Gießwasser geben
Süßkraut (Stevia)	für die Winterernte hell bei 10–15 °C, bei Lichtmangel sterben die Triebe ab	bei dunkler Überwinterung die Zweige auf 5 cm einkürzen
Strauchbasilikum	hell, aber kühl bei 8–12 °C	häufig mit entkalktem Wasser übersprühen, Rückschnitt im Frühling
Zitronenverbene	hell bei 0–5 °C, zurückgeschnitten auch dunkel und kühl	bei zu wenig Tageslicht fallen die Blätter ab

gen nachzuahmen. Stehen die Pflanzen kühl, schalten sie ihren Stoffwechsel auf »Sparflamme« und überleben so bis zum Frühling. Dabei gilt als Faustregel: Je dunkler der Standort, desto kühler sollte der Raum sein (→ Tabelle sowie Porträts). Unter 12 °C fühlen sich die Arten aus tropischen Regionen allerdings nicht mehr wohl. Kontrollieren Sie vor allem exotische Pflanzen regelmäßig auf Schädlingsbefall.

Wintergäste stets im Auge behalten

Das Gießen der Topfkräuter im Winterquartier ist fast eine Wissenschaft, und pauschale Empfehlungen sind leider nicht möglich. Prinzipiell gilt jedoch:

- An einem kühlen, luftfeuchten Platz verdunsten die Pflanzen weniger Wasser über ihre Blätter und müssen zumeist nur alle 1–2 Wochen gegossen werden. Im warmen Zimmer brauchen sie entsprechend mehr, leiden aber auch häufiger unter Schädlingen und Krankheiten wie Trauermücken, Schild- und Wollläusen oder Fäulnispilzen.
- Der Wurzelballen sollte gerade eben feucht bleiben. Trocknet die Erde einmal zu stark aus, stellen Sie die Töpfe ein paar Stunden in eine Schüssel mit Wasser und lassen sie dann gut abtropfen. Gerade im Winter das Wasser niemals längere Zeit im Untersetzer oder Übertopf stehen lassen.
- Kräuter nie direkt über einen Heizkörper stellen. Für größere Kübelpflanzen sind Winterquartiere mit Fußbodenheizung gleichfalls wenig geeignet. Bei trockener Zimmerluft täglich, am besten um die Mittagszeit, mit vorgewärmtem Regenwasser oder kalkarmem Leitungswasser übersprühen.
- Bildet sich auf der Erdoberfläche im Winter Schimmel oder Moos, nimmt man die Pflanze aus dem Topf, befreit den Wurzelballen von lockerer Erde und braunen, faulenden Wurzeln und topft die Pflanze anschließend in neue, nährstoffarme Kräutererde um. Wichtig: Falls Sie die vorherigen Töpfe wiederverwenden wollen, müssen Sie diese vor dem erneuten Bepflanzen gründlich reinigen.
- Düngen sollte man erst wieder mit Beginn des Frühlings, sobald die Tage länger werden. Bei Kräutern, die ohnehin bald umgetopft werden, erübrigt sich die Düngergabe (→ Seite 127).

Topfkräuter

Ein mobiler Kräutergarten eröffnet kulinarisch neue Möglichkeiten. Duftpflanzen aus aller Welt betören mit exotischen Aromen, und Stevia bietet für Süßschnäbel Genuss ohne Reue. Auch der mediterrane Gewürzlorbeer schmeckt frisch viel besser.

Ananassalbei

Salvia rutilans ☼ ◑

Nährstoffbedarf: **mittel**
Familie: **Lippenblütler**
Vermehrung: **durch Stecklinge im Frühjahr oder Sommer**

Viele Salbeiarten zeichnen sich durch ein fruchtiges Aroma aus und können mehrjährig im Topf gezogen werden. Einer der schönsten Vertreter ist der aus Mexiko stammende Ananassalbei. Den intensiven Duft nach frischer Ananas geben die Halbsträucher schon bei leichter Berührung frei.

› Ananassalbei – die roten Blüten sind essbar.

ANBAU/PFLEGE: Ein Topfvolumen von 10 l sollten Sie den Pflanzen gönnen. Im Lauf der Jahre fordern die bis zu 1,50 m hohen und 1 m breiten Halbsträucher mehr Platz und füllen auch größere Pflanzkübel. Eine eigene Mischung aus je einem Drittel Kompost, Sand und lehmiger Gartenerde eignet sich ebenso wie gekaufte Bioerde. Im Sommer ist der Wasserbedarf hoch, im Winter kann man sparsamer gießen. Pflanzen, die bereits im Herbst zurückgeschnitten wurden, können auch im Dunklen überwintern. Das wäre aber schade, weil Sie sich damit um den Anblick der feuerroten Lippenblüten bringen. Diese erscheinen erst ab Oktober, im hellen Wintergarten oder an einem Platz vor einer Glastür erfreuen sie den ganzen Winter über. Im Frühjahr schneidet man die Pflanzen kräftig zurück, damit sie kompakt bleiben. Alle 2 Jahre werden sie in größere Töpfe mit frischer Erde umgepflanzt.
SCHÄDLINGE UND KRANKHEITEN: Blattläuse, Spinnmilben, Wurzelpilze (bei Staunässe)
GUTE SORTEN: 'Pineapple Scarlet'
ERNTE UND VERWENDUNG: Fast ganzjährig frische, weiche Blätter oder Triebspitzen und im Winter auch die Blüten als essbare Deko pflücken. Das Aroma macht sich besonders gut in warmem Tee und Eistee und verleiht Obstsalat, Quark oder selbst gemachtem Fruchtjoghurt den Geschmack der Tropenfrüchte. Auch Gerichte mit Huhn profitieren vom Ananasgeschmack, dabei die Blätter aber nicht mitkochen, sondern erst kurz vor dem Servieren zufügen.
TIPP: Es gibt noch weitere Salbeiarten, deren Blätter nach Früchten duften. **Schwarzer Johannisbeersalbei** (*S. microphylla*); **Honigmelonensalbei** (*S. elegans*): so anspruchslos wie Ananassalbei, blüht bereits ab Sommer; **Fruchtsalbei** (*S. dorisiana*): auch Zimmerlindensalbei, kommt bei uns nur selten zur Blüte, herrlicher Blattduft, vor allem für Tee und Süßspeisen.

 ☼ sonnig ◑ halbschattig (mindestens 6 Std. Sonne am Tag)

Strauchbasilikum

Ocimum kilimandscharicum × basilicum ☼ ◑

Nährstoffbedarf: **mittel bis hoch**
Familie: **Lippenblütler**
Vermehrung: **durch Stecklinge**

› Die dekorativen Blüten sind ebenfalls essbar.

ANBAU/PFLEGE: Anders als die einjährigen Basilikumarten kann das aus Afrika stammende Strauchbasilikum nur über Stecklinge vermehrt werden. Selbst gezogene oder zugekaufte Pflanzen entwickeln sich rasch zu 70 cm hohen Büschen. Möchten Sie mehrere Exemplare, brauchen Sie genügend Sommer- und Winterplätze. Da der Mitteltrieb nach einiger Zeit verholzt, lässt sich das Strauchbasilikum leicht zu dekorativen Stämmchen erziehen. Dafür muss man nur ein- oder zweimal im Jahr alle störenden Zweige unterhalb der gewünschten Krone herausschneiden. Ins Freie darf Strauchbasilikum erst ab Mitte Mai, ein Platz im lichten Schatten ist ideal, in voller Sonne werden die Blätter rasch zäh. Die kräftigen Stängel sind purpurviolett gefärbt, auch die grünen Blätter fallen durch ihre purpurfarbenen Adern auf. Die ab Mai oder Juni erscheinenden rosa-violetten Blütenähren ziehen viele Insekten wie Hummeln, Bienen und Schmetterlinge an, darunter auch das seltene Taubenschwänzchen. Weil die Blätter dann härter werden, kann man dieses Ereignis durch das laufende Einkürzen der Triebspitzen hinauszögern. Wie die einjährigen Arten braucht auch Strauchbasilikum reichlich Nährstoffe und im Sommer fast täglich Wasser. Im Winter gießt man zurückhaltend, lässt den Topfballen aber nie ganz austrocknen. Schneidet man die Pflanzen im Herbst nach der Blüte oder erst im Frühjahr stark zurück, treiben sie wieder kräftig aus.
SCHÄDLINGE UND KRANKHEITEN: Pilzbefall durch Blattflecken und Welkekrankheit, z. B. Fusarium
GUTE SORTEN: **Afrikanisches Basilikum** 'African Blue' oder 'African Green'
ERNTE UND VERWENDUNG: Man erntet laufend einzelne Blätter oder die Triebspitzen. Das etwas herbe, kampferartige Aroma der Blätter und Blüten passt zu asiatischem Wok-Gemüse, Thai-Curry sowie gegrilltem Fisch und eignet sich gut zum Räuchern.
WEITERE ARTEN: Der Geschmack des Uruguayischen Basilikums (*Ocimum selloi*) erinnert an den grüner Paprika. Ostindisches Basilikum (*O. gratissium*) gedeiht auch im Halbschatten und schmeckt selbst im getrockneten Zustand intensiv nach Gewürznelken. Darum wird es auch als Nelkenbasilikum bezeichnet. Thai-Basilikum (*O. basilicum* 'Thai') wird bei uns überwiegend wie einjähriges italienisches Basilikum (→ Seite 133) gezogen. Der Geschmack der Blätter erinnert ein wenig an Lakritze. Hübsch ist der Kontrast der rotvioletten Blütenkerzen zu den hellgrünen Blättern. Als heilkräftigste Basilikumart gilt das Heilige Basilikum (*O. sanctum*), in Indien Tulasi oder Tulsi (»die Unvergleichliche«) genannt. Es gibt rot- und grünblättrige Auslesen, alle mit stark würzigen, nach Zimt und Nelken duftenden Blättern und Blüten. Tulsi wird einjährig, bei Überwinterung im Haus auch mehrjährig gezogen und kann wie alle ausdauernden Arten über Stecklinge vermehrt werden.

Gewürzlorbeer

Laurus nobilis ☼ ◐

ANBAU/PFLEGE: Der mit Stamm und Krone gezogene immergrüne Würzstrauch benötigt Jahre, bis daraus ein Bäumchen geworden ist. Lorbeer ist zwar recht robust, aber gerade als Topfpflanze nicht völlig frostfest, deshalb in unseren Breitengraden in einem windgeschützten, halb offenen Schuppen, Carport oder an einem sehr kühlen Platz im Haus überwintern. Alle 2 Jahre in einen etwas größeren Pflanzkübel umtopfen. Beim Wasser- und Nährstoffanspruch ist Lorbeer genügsam. Im Frühjahr schmückt sich der Strauch mit kleinen, kugeligen, duftenden Blüten.
SCHÄDLINGE UND KRANKHEITEN: Lorbeer-Blattflöhe, Schildläuse bei zu warmer Überwinterung
BEETPARTNER: Gewürzlorbeer lässt sich gut mit niedrigen Kräutern, z. B. Kriechendem Rosmarin, unterpflanzen.
ERNTE UND VERWENDUNG: Frische Blätter sind aromatischer als getrocknete, aber etwas bitter. Das an Zimt und Piniennadeln erinnernde Aroma wird beim Kochen intensiver und passt gut zu Kartoffeln, Braten, Gemüsesuppen.

Zitronenverbene

Aloysia triphylla ☼

ANBAU/PFLEGE: Die Zitronenverbene ist nur bis etwa –4 °C winterhart, kurzfristig überstehen die Sträucher bis zu –10 °C. Mutige setzen sie in ein sonniges Kräuterbeet, wer kein Risiko eingehen will, kultiviert die Pflanzen von April bis zum Frostbeginn in Töpfen auf dem Balkon oder der Terrasse. Wenn es draußen kühler wird, lassen sie ihre Blätter fallen und können in einem unbeheizten, dunklen Raum überwintert werden. Vorher die Triebe kräftig einkürzen und die Pflanzen während der Wintermonate nur leicht feucht halten. Nach den letzten Frösten die Töpfe wieder ins Freie stellen, häufiger gießen und zwischen Mai und Ende Juli im Abstand von ca. 6 Wochen düngen.
SCHÄDLINGE UND KRANKHEITEN: Blattläuse, Spinnmilben und Weiße Fliege (besonders bei Überwinterung im lufttrockenen, warmen Zimmer)
ERNTE UND VERWENDUNG: Ganzjährig die frischen Blätter für Tee, Obstsalat oder Desserts pflücken, sobald sie ihre volle Größe erreicht haben, aber noch weich sind.

☼ sonnig ◐ halbschattig (mindestens 6 Std. Sonne am Tag)

Süßkraut

Stevia rebaudiana ☼

Nährstoffbedarf: **gering**
Familie: **Korbblütler**
Aussaat: **ab März (Keimtemperatur 22 °C)**
Vermehrung: **durch Stecklinge oder Absenker**

Stevia, auch Süßkraut oder Honigkraut genannt, gehört zur Familie der Astern und wird in den südamerikanischen Ländern seit Hunderten von Jahren als Heilpflanze und Süßungsmittel verwendet.

› Stevia oder Süßkraut

ANBAU/PFLEGE: Wer selbst Pflanzen anzieht, sät ab März in magere Aussaaterde, drückt die Samen nur leicht an (Lichtkeimer) und deckt die Schale nach dem Anfeuchten mit Folie ab. An einem hellen, warmen Ort kommen die ersten Keimlinge oft schon nach 10 Tagen. Nach 2–3 Wochen pikiert man die Sämlinge in humusreiche, mit grobem Sand vermischte Blumenerde. Da man höchstens zwei Pflanzen braucht, ist der Aufwand zu überlegen. Bereits vorgezogene Jungpflanzen gibt es in vielen Kräutergärtnereien zu kaufen. An einem warmen, hellen Ort bleiben die Sträucher im Winter grün, bilden ohne Zusatzbeleuchtung aber dünne Zweige mit hellen Blättern. In dunklen Räumen ziehen die oberirdischen Teile ein und treiben wieder aus, sobald man die Pflanze ab Ende Februar hell stellt. In der Ruhepause nicht düngen, selten gießen, die Erde aber auch nicht austrocknen lassen.
SCHÄDLINGE UND KRANKHEITEN: Bei Staunässe droht Wurzelfäule.
ERNTE UND VERWENDUNG: Stevia-Blätter können frisch oder getrocknet und fein zerkrümelt zum Süßen von Tee, für Desserts, zum Backen und Würzen von Salatsoßen und vielem mehr verwendet werden.
TIPP: Getrocknete Blätter lassen sich leicht zerbröseln und somit viel besser dosieren. Doch auch bei sparsamer Verwendung bleibt der lakritzige Eigengeschmack des Krauts erhalten. Extrakte aus der Stevia-Pflanze (Steviolglycoside) sind 200- bis 400-mal süßer als normaler Haushaltszucker und bei uns als Süßstoff (E960) mit gesetzlich festgelegten Höchstmengen zugelassen.

Gesundes Süßen

Das aus Südamerika stammende **Aztekische Süßkraut** (*Lippia dulci*) wirkt – anders als die sparrigen Steviasträucher – mit den herabhängenden Zweigen auch als Ampelpflanze hübsch. Die kleinen weißen Blüten duften nach Honig. Als Heilpflanze wird das Kraut vor allem bei Erkältungen eingesetzt. In der Küche kann es als kalorienfreie, zahnschonende Zuckeralternative dienen. Statt Lakritzgeschmack verleihen die frischen Blätter Tee eine angenehme, leicht minzige Note. Beim Trocknen verlieren sie einen Teil ihrer Süßkraft. Wichtig: Die Pflanzen an einem hellen, über 10 °C warmen Ort überwintern!

Register

Gefettete Seitenzahlen verweisen auf Abbildungen.

Bildnachweis

Umschlagvorderseite:
Alle Illustrationen: AdobeStock

Umschlagrückseite:
Shutterstock (links, Mitte), Flora Press (rechts)

Alle Illustrationen: Sylvia Bespaluk

Sylvia Bespaluk: 24, 28, 34, 46, 56, 61, 64, 130, 142, 156, 156;
Bingenheimer Saatgut: 66, 93-2,
Elke Borkowski: 10, 27-1, 27-2, 60, 68-2, 72-1, 73-2, 98-1, 104, 108, 124, 125, 127, 133-1, 146-1, 151-1, 152, 154;
Botanikfoto/Steffen Hauser: 163;
Christa Brand: 12;
Dorothea Baumjohann: 26
Flora Press/Biosphoto: 70, 111-1; /Botanical Images: 79; /Diez: 115-2, 148-1; / Föll: 73-1; /Garden Collection: 109-2; /Hughes-Jones: 23, 116-2, 149-2, 150-2, 151-2; /Noack: 96; / Petzold: 93-1, 100-1, 105, 136-2; /Rech: 144-1; / Schneider-Will: 162-2; / Visions: 90-2, 111-2, 126, 145-2; U7-4, U2-4
GAP Photos: 5, 6/7, 11, 15, 20, 38, 41, 48/49, 51-1, 55-2, 58, 62, 67-2, 68-1, 71-2, 72-2, 74-2, 75-1, 75-2, 76-1, 77-1, 85, 90-1, 91, 92-1, 92-2, 95-2, 97-1, 99-2, 100-2, 101-1, 101-2, 102, 109-1, 112-2, 113-1, 113-2, 114, 117-1, 117-2, 122, 128, 132-2, 133-2, 134-1, 134-2, 135-1, 135-2, 137-1, 137-2, 138, 140, 146-2, 147, 149-1, 160, 161, 162-1, 87; U7-2, U2-1
Leena Hokka: 36, 37, 67-1, 74-1, 84, 97-2, 98-2, 145-1;
Steve Masley: 69-2;
Kristijan Matic: 30-1, 30-2, 30-3, 30-4, 30-5, 31-1, 31-2, 31-3, 31-4, 31-5, 31-6;
Volker Michael: 32, 59, 95-1;
Marion Nickig: 40, 69-1, 71-1, 132-1, 136-1, 144-2;
Nova Photo Graphik: 150-1;
Plainpicture: 121-1;
Reinhard Tierfoto: 14;
Guido Sachse: U7-3
Shutterstock: 16/17, 31-7, 42, 50-1, 50-2, 50-3, 51-2, 51-3, 51-4, 52, 80, 94-1, 94-2, 112-1, 120-1, 120-2, 120-3, 121-2, 121-3, 121-4; U2-2
Martin Staffler: 2/3, 4, 8, 9, 18, 19, 21-1, 21-2, 22, 24-1, 24-2, 25-1, 25-2, 25-3, 28-1, 28-2, 29-1, 29-2, 29-3, 33, 34-1, 34-2, 35-1, 35-2, 45-1, 46-1, 46-2, 47-1, 47-2, 56-1, 56-2, 57-1, 57-2, 63, 64-1, 64-2, 65-1, 65-3, 83, 84, 89, 107, 118/119, 130-1, 130-2, 131-1, 131-2, 131-3, 142-1, 142-2, 143-1, 143-2, 143-3, 156-1, 156-2, 157-1, 157-2, 157-3, 158;
Stockfood: 129, 148-2;
Friedrich Strauss: 54, 65-2, 76-2, 78-2, 82, 106, 110-1, 86;
The Garden Collection: 55-1, 78-1;
Annette Timmermann: 13, 43, 77-2, 99-1, 110-2, 115-1, 116-1;
Andreas Vietmeier: 45-2, U7-1, U2-3

Wichtiger Hinweis

Alle Ratschläge und Empfehlungen in diesem Buch wurden sorgfältig recherchiert und in der Praxis erprobt. Dennoch erfolgen alle Angaben ohne Gewähr. Weder Autorin noch Verlag können für eventuelle Nachteile oder schäden, die aus den im Buch vorgestellten Informationen resultieren, eine Haftung übernehmen.

Impressum

Autoren:
Christel Rupp, Dorothea Baumjohann, Renata Hudak,
Harald Harazim

Umschlaggestaltung: Ludger Vorfeld

Satz, Lektorat & Herstellung:
bookwise GmbH, München

Druck und Bindung:
Polygraf Print, Slovakia

FSC www.fsc.org MIX Papier | Fördert gute Waldnutzung FSC® C023577